THE MACARON

처음부터 다시 배우는

더 마카롱

이은정 지음

BnCworld

CONTENTS

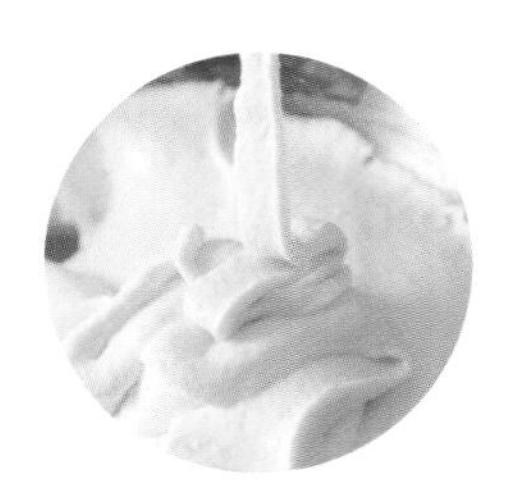
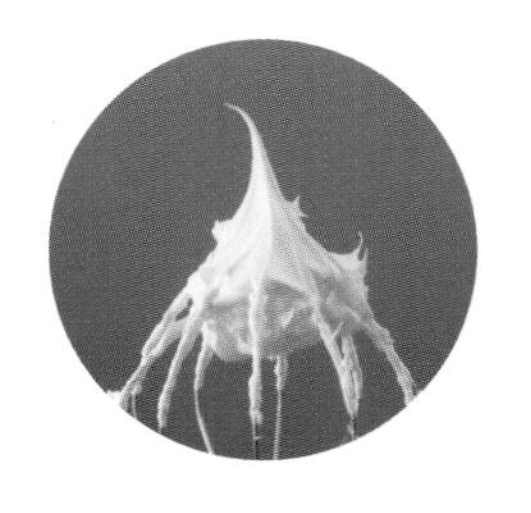

PART 1
마카롱 기본 이론

about 마카롱

마카롱의 재료

마카롱 생산 도구

마카롱 생산 관리

PART 2
기본 마카롱 만들기

마카롱 코크 정복하기

머랭 종류별 코크 만들기

마카롱 필링 만들기

PART 3
응용 & 스페셜 마카롱 만들기

버터크림 응용 마카롱

가나슈 응용 마카롱

스페셜 마카롱 만들기

크림치즈 응용 마카롱

OWNER'S
GRAM

PROLOGUE
프롤로그

꾸준히, 그리고 여전히 사랑받는 선물 같은 과자 마카롱

형형색색의 동그란 코크 사이에 다양한 필링을 넣은 마카롱. 쇼케이스 안에 짝을 맞춰 가지런히 진열된 마카롱은 너무도 사랑스러워 누군가에게 선물하고픈 욕구를 불러일으키지요. 저에게 마카롱은 그 어떤 디저트보다 마음을 설레게 하는 선물 같은 과자입니다.
마카롱과의 특별한 인연은 제가 스웨덴에서 제과일을 시작했을 때부터입니다. 그때만 해도 유럽에서는 외국인들이 일할 기회가 흔치 않았어요. 그래서 취직하고 싶은 제과점에 무작정 직접 만든 마카롱을 가지고 가서 면접을 요청했고, 준비해 간 마카롱 덕에 일을 할 수 있었답니다. 이후 2012년 '이제이베이킹 스튜디오'를 오픈했고 세 가지 머랭법을 이용한 '프로 마카롱 클래스'로 많은 수강생들을 배출하면서 국내 마카롱의 유행을 선도하게 되었습니다. 2018년에는 구움과자 전문브랜드 '오너스그램'을 런칭하며 주력 제품인 마카롱을 다양하게 선보였고, 2021년에는 이제이베이킹 HACCP 공장을 설립하여 보다 폭넓게 마카롱을 대중에게 알리고자 꾸준히 노력했습니다. 최근에는 ㈜더블스윗이라는 회사에 CTO로 합류해 마카롱 양산화와 대중화에 힘쓰고 있습니다.
마카롱은 누구나 쉽게 접할 수 있고 도전해 볼 수 있는 아이템이지만 기본 원리를 알기 전에는 일정하게 만들기 힘든, 참 짓궂은 과자입니다. 머랭에 따라, 필링에 따라, 또 재료의 조합에 따라 맛과 식감이 천차만별로 달라지지요. 기본에 충실하면서 맛과 비주얼의 밸런스를 이루어야 하는 마카롱의 매력은 정말 무궁무진하다고 할 수 있습니다. 마카롱이 대중들에게 꾸준히, 그리고 여전히 사랑받는 것도 아마 이런 이유에서가 아닐까요.
이 책 『더 마카롱』은 2012년부터 지금까지, 13여 년 동안 이제이베이킹에서 매일 만들어 온 수많은 마카롱 레시피 중에서 작업성과 생산성, 그리고 판매율이 가장 높았던 제품을 중심으로 구성했습니다. 또 어떻게 하면 마카롱이 일정하게 잘 나오는지, 실패했다면 그 이유가 무엇인지, 아몬드파우더, 크림 등의 재료와 오븐의 종류, 온도, 건조시간 등의 작업 조건은 마카롱에 어떤 영향을 미치는지 등을 세세히 담고 있습니다. 현장에서 경험과 시간을 통해 얻은 노하우와 실패 원인을 책에 모두 담고자 2년에 가까운 긴 시간이 걸렸습니다.
끝으로 늘 나의 일을 배려하고 존중해 주는 가족들, 잭앤더 식구들과 최근 함께하게 된 ㈜더블스윗 식구들. 그리고 그동안 이제이베이킹을 거쳐간 많은 수강생분들, 그리고 저를 아는 모든 분들께 마음 깊은 감사를 전합니다. 또한 이 책이 나오기까지 오랫동안 기다려 준 비앤씨월드 출판사에도 진심으로 감사드립니다.

오너스그램 **이은정**

ABOUT MACARON

PART 1
마카롱 기본 이론

1 마카롱이란
2 마카롱의 역사
3 마카롱의 구성 요소
4 마카롱의 재료
5 마카롱 생산 도구
6 마카롱 생산 관리

MACARONS
마카롱이란

마카롱은 프랑스의 대표적인 과자 중 하나로 아몬드파우더가 들어간 동그란 머랭 과자 사이에 버터크림, 잼, 가나슈 등의 필링을 넣은 지름 약 5㎝ 전후의 디저트를 말한다.
마카롱의 코크(Coque, 마카롱을 구성하는 겉껍질로 이하 '코크'라 칭한다)는 흰자, 설탕, 아몬드파우더, 슈거파우더라는 간단한 재료로 이루어져 있으나 머랭을 기반으로 만들어지기에 반죽을 만드는 것부터 굽기까지의 모든 공정이 다른 과자들보다 까다롭다. 때문에 코크는 만드는 사람의 기술력이나 환경에 따라 결과물이 천차만별이다. 코크의 모양과 식감이 달라질 뿐만 아니라 제품의 성패도 좌우된다. 팬닝 양이 일정하지 않으면 짝이 안 맞아 재료의 손실이 생기기도 한다.
그러나 단지 코크만 잘 만든다고해서 완성도 높은 마카롱이 만들어지는 것은 아니다. 코크 사이에 넣는 내용물이 무엇이냐에 따라 코크와의 조화 또한 달라지고, 당도나 식감과 같은 요소들이 모두 연결되어 마카롱의 맛을 결정짓는다. 그러나 여기서 끝이 아니다. 마지막으로 숙성의 시간이 필요하다. 숙성이 과하면 코크가 축축해지고 숙성이 짧으면 반대로 단단해진다. 정리하자면 여러 과정 중 하나라도 잘못되면 모두 잘못된다는 말이다.
마카롱이 너무 비싸다며 직접 배우러 온 사람들이 한결같이 하는 말이 있다. "사먹는 게 싼 거였군요."

마카롱의 역사

마카롱의 기원에 관해서는 의견이 분분하다. 16세기 중반, 이탈리아 피렌체 귀족 가문의 딸 카트린 드 메디시스(Catherine de Medicis)가 프랑스 왕가의 앙리 2세와 결혼하면서 데려온 요리사에 의해 프랑스로 유입되었다는 설이 있고, 18세기 프랑스 낭시 지역 수녀들이 만들던 과자가 기원이라고도 한다.
프랑스 마카롱은 16~18세기 이후 지역에 따라 다양하게 발전했는데, 낭시 지역의 마카롱은 머랭을 사용하지 않는 것이 특징이다. 보르도의 생떼밀리옹에서는 화이트와인, 마시악에서는 헤이즐넛, 다미앙에서는 꿀이 들어간 부드러운 마카롱을 만든다. 강투아 마카롱은 가볍게 푼 흰자를 섞어 짤주머니로 짜고 설탕을 뿌려 굽는다. 대체로 초기의 마카롱은 아몬드 페이스트로 구운 단순한 쿠키 형태였고, 20세기 초반이 되어서야 오늘날의 형태로 발전했다.
국내에 소개되고 있는 마카롱은 대부분 파리지앵(Parisien) 혹은 리스(Lisse)로 불리는 프랑스 파리 지역의 마카롱이다. 1862년 프랑스 파리에 문을 연 라뒤레(Ladurée)는 파리지앵 마카롱으로 가장 유명한 곳이라 할 수 있으며, 디저트계의 피카소라고 불리는 피에르 에르메(Pierre Hermé)의 형형색색 마카롱 또한 마카롱 역사에 큰 획을 그었다.

마카롱의 구성 요소

마카롱은 크게 코크(Coque), 피에(Pied), 필링(Filling) 세 가지로 구성되며 이 세 가지가 마카롱의 전부라고 할 수 있다.

코크 Coque

코크는 프랑스어로 '껍질'이라는 뜻이며, 흰자와 설탕으로 만든 머랭에 아몬드파우더와 슈거파우더를 섞어 만든 머랭 쿠키이다. 마카롱 만들기에서 가장 기술을 필요로 하는 부분이다.
머랭의 종류에는 이탈리안 머랭, 프렌치 머랭, 스위스 머랭 등이 있는데 머랭의 종류에 따라 코크의 식감, 모양, 당도가 달라진다. 그리고 이는 곧 마카롱 맛의 차이를 만들기 때문에 머랭을 잘 이해하고 그 원리를 잘 알고 있는 것이 중요하다. 대부분 대량 생산을 하는 매장에서는 이탈리안 머랭법을 선호한다.

피에 Pied

피에는 프랑스어로 '발'이라는 뜻으로 코크 아래에 프릴처럼 형성되는 부분이다. 코크 반죽은 팬닝한 다음 건조 과정을 거치는데 건조하는 동안 수분이 증발하면서 손으로 만져도 묻어 나오지 않을 정도로 표면이 마른다. 이때가 오븐에 넣어 굽는 타이밍이다.
오븐 안에서 열을 받으면 마카롱 표면의 흰자 단백질과 설탕이 결합되어 코팅막을 형성한다. 이때 반죽 속의 수분은 열을 받으며 수증기로 변해 부피가 팽창하는데, 건조된 표면의 막 때문에 부푼 수증기가 위로 빠져 나가지 못하고 건조되지 않은 아랫부분으로 내려와 옆으로 터져 나가게 된다. 이렇게 형성된 것이 피에이며 이 피에의 높이와 모양은 머랭에 따라, 오븐 온도에 따라 달라지므로 일정한 피에의 모양과 크기를 위해서는 작업의 숙련도가 필요하다.
머랭이 너무 단단하면 오븐에 들어갔을 때 많이 올라오다가 푹 꺼지는 현상이 발생하며, 머랭이 약하면 옆으로 퍼지거나 흰자와 설탕이 녹아내려 우주선 모양처럼 고르지 못한 피에가 만들어진다. 오븐 온도도 중요한데, 오븐의 온도가 너무 높으면 많이 부풀다가 윗면이 터지는 경우인 속칭 '뻥카'가 생기기도 한다. 반대로 온도가 너무 낮으면 부푸는 힘이 약해 올라오기 전에 주저앉아 제대로 된 피에가 나오지 않는다. 때문에 작업자는 머랭과 오븐 온도를 잘 조절해서 피에가 일정한 모양으로 나올 수 있도록 해야 한다.

필링 Filling

구워져 나온 두 개의 코크 사이에 넣는 내용물이다. 대표적으로 버터크림, 가나슈, 크림치즈, 잼 등이 있다. 필링의 양과 종류에 따라 식감과 당도가 결정되며 숙성 시간에도 영향을 미친다. 또한 필링에 수분이 얼마나 함유되어 있느냐에 따라 코크의 식감을 형성하는 수분량이 달라진다.

CALLEBAUT
RUBY CHOCOLATE
FINEST BELGIAN CHOCOLATE
RB1
RUBY CALLETS
2,5 kg
CACAO BARRY
ORIGINE
Ghana
40%
MIN CACAO
PURETÉ
Inaya
65%
boiron
MANGUE
MANGO
FRAMBOISE
RASPBERRY
FRAISE
STRAWBERRY
Elle & Vire
PROFESSIONNEL
Crème
EXCELLENCE
Whipping Cream
35%
Kiri
Elle & Vire
BEURRE
BEURRE

INGREDIENTS
마카롱의 재료

흰자

달걀 흰자는 마카롱 재료의 기본이며 가장 중요한 재료이다. 달걀 흰자를 거품기로 휘저으면 흰자의 단백질이 공기를 포집하여 거품을 일으키게 되는데, 이러한 성질을 기포성이라고 한다. 흰자를 반복적으로 일정하게 휘저으면 단백질 막이 공기와 접촉하여 응고하기 때문에 부피감이 형성되고 거품은 안정성을 띠게 된다.
흰자는 약 90%의 수분과 10%의 단백질로 이루어져 있으며, 점성이 강하고 단단한 노른자 주변의 농후 난백과 수분감이 많고 흐름성이 좋은 가장자리의 수양 난백으로 구성되어 있다. 흰자를 노른자와 완벽하게 분리하고, 신선하며 온도가 너무 높지 않은 난백을 사용하는 것이 구조적으로 안정적인 머랭을 만드는 방법이다.
또한 지방 성분은 안정적인 머랭의 형성을 방해하기 때문에 소량의 지방도 혼합되지 않도록 흰자와 노른자를 분리할 때에도 세심한 주의가 필요하다. 흰자에 유지가 섞이지 않았는지, 볼이 깨끗한지, 노른자가 조금이라도 섞이지 않았는지 확인해야 한다.
달걀의 흰자만을 팩에 담아 판매하는 냉장 · 냉동 팩 흰자는 위생적이고 계량하기 쉬우며 흐름성이 좋아 일반 달걀의 흰자를 대체하여 사용해도 무방하지만 사용하는 브랜드와 수입 시기에 따라 기포 포집력이 다르므로 마카롱 대량 생산에 사용할 때는 반드시 소량 테스트를 거친 후 작업해야 한다.

일반 달걀의 흰자

냉장 · 냉동 팩 흰자

냉동 흰자와 냉장 흰자

팩 흰자는 냉동으로 유통되는 냉동 흰자(제품명 '냉동 난백')와 냉장으로 유통되는 냉장 흰자(제품명 '냉장 난백')가 있다. 냉동 흰자와 냉장 흰자를 사용하는 가장 큰 이유는 유통기한이 길고 계량과 사용이 편리하기 때문이다. 냉동 흰자는 해동시켜 사용하는 번거로움이 있으나 냉동 상태로 보관할 수 있어 냉장 흰자보다 유통기한이 긴 장점이 있다. 냉동 흰자는 사용 전날 냉장고로 옮겨 하루 동안 완전히 해동한 뒤 사용하면 된다.

냉동 흰자는 보통 일반 흰자 대비 휘핑성이 90%, 단단함은 80% 정도이다. 때문에 냉동 흰자를 해동시켜 쓰는 경우 머랭이 늦게 올라오는 단점이 있어, 만약 이탈리안 머랭에 냉장 · 냉동 팩 흰자를 사용해야 한다면 마카롱 코크의 페이스트에는 냉동 흰자를 사용하고 견고함을 요하는 머랭에는 냉장 흰자를 사용하되 소량의 머랭파우더 또는 알부민을 섞으면 좋다. 이처럼 흰자는 각 제품의 특성을 이해하고 상황에 알맞게 구분하여 사용하도록 한다.

아몬드파우더

좋은 아몬드파우더를 선택하는 가장 중요한 기준은 신선도와 입자의 굵기이다. 아몬드파우더는 개봉하면 산패되기 쉬우므로 가능한 한 빨리 사용해야 하고 남으면 반드시 밀봉해서 그늘지고 건조하며 서늘한 곳에 보관해 신선한 상태를 유지해야 한다. 아몬드파우더를 개봉했을 때 습기가 차 있거나, 찌든 냄새가 나거나, 육안으로 봤을 때 기름지고 변색되어 있는 등 보관 상태가 확연히 나쁘면 즉시 폐기해야 한다. 또한 유분이 많은 아몬드파우더는 머랭의 상태에 영향을 미쳐 마카롱의 윗면을 기름지게 만들 수 있으니 주의한다.

여러 종류의 아몬드파우더

아몬드파우더 입자별 코크 표면과 마카로나주

마카롱은 아몬드 입자의 굵기에 따라 코크 표면이 다르게 표현되는데 표면을 매끈하게 만들려면 고운 입자를, 거칠게 만들려면 굵은 입자의 아몬드파우더를 사용한다. 각 매장마다 선호하는 코크 표현이 있을 것이므로 아몬드파우더를 원하는 입자로 직접 갈아 쓰거나 일정한 굵기의 아몬드파우더 입자를 선택해 사용한다.

입자의 굵기는 마카로나주 횟수에도 영향을 미친다. 아몬드파우더의 입자가 굵은 경우 반죽이 다소 되고 거칠기 때문에 마카로나주를 조금 더 진행해야 하고, 입자가 가는 경우에는 반죽이 묽어 퍼질 수 있으므로 마카로나주 횟수를 줄인다.

아몬드파우더는 아몬드파우더 95%+소맥분 5%, 아몬드파우더 97%+소맥분 3%, 아몬드파우더 100% 등 브랜드와 제품마다 조금씩 성분이 다르니 세심히 비교해 보자. 이 책에서는 캘리포니아산 100% 아몬드파우더를 10㎏ 벌크 단위로 구입해 사용 전 슈거파우더와 동량으로 계량하여 푸드프로세서에 갈아 체에 내려 사용했다.

이 책의 아몬드파우더 사용법

T.P.T(Tant Pour Tant : 아몬드파우더와 슈거파우더를 1:1 비율로 섞은 것)를 만든 뒤 분쇄기에 갈아 체에 내려 사용한다. 아몬드파우더와 슈거파우더를 함께 갈기 때문에 두 가지 재료가 골고루 잘 섞여 균일하고 일정하면서 표면이 매끈한 마카롱을 만들 수 있다.

1 분쇄기에 1:1의 비율로 계량한 아몬드파우더와 슈거파우더를 넣는다.
2 분쇄기를 20초 미만으로 끊어 갈면서 중간에 뭉쳐지지 않도록 주걱으로 젓는다. 이때 아몬드파우더를 한 번에 너무 오래 갈면 유분이 흘러나와 한 덩어리로 뭉칠 수 있으므로 주의한다.
3 입자가 너무 촘촘하지 않은 체에 내린다.

슈거파우더

마카롱 코크를 만들 때 슈거파우더 또는 분당을 아몬드파우더와 동량으로 계량해 사용한다. 분당은 설탕 100%를 곱게 간 것이고, 슈거파우더는 습기에 약해 금방 뭉치고 굳는 분당의 성질을 보완하기 위해 5% 정도의 전분을 첨가한 것이다. 초미립분당은 전분이 없는 100% 분당으로 기존 분당보다 더 고운 입자로 갈아 만들어 최근 마카롱에 많이 사용한다. 슈거파우더가 분당보다 덩어리나 뭉침이 적어 작업하기 수월하며 슈거파우더에 함유된 5%의 전분은 마카롱 코크에 크게 영향을 미치지 않으므로 슈거파우더 혹은 분당 어느 것을 사용해도 무방하다. 다만 분당은 수분을 잘 흡수해 굳기 쉬우므로 사용 전에 반드시 곱게 갈아 체에 거르거나 초미립분당을 사용하도록 한다. 이 책에서는 슈거파우더를 사용하였다.

대체당의 종류 및 특징

최근들어 건강을 추구하며 단맛을 낮추기 위해 설탕량을 줄이거나 대체당을 사용하는 경향이 강해졌다. 그러나 레시피의 설탕량은 마카롱의 구조, 형태, 식감, 맛에 크게 영향을 미치므로 설탕량을 임의로 줄이거나 대체당으로 전량 대체하는 것은 지양하는 것이 좋다. 설탕 대신 대체당으로 코크를 만들어 테스트했을 때, 머랭이 안정적으로 만들어지지 않았다. 때문에 매장 판매 및 대량 생산의 경우 코크보다는 필링에 대체당을 사용하는 것이 좋다. 물론 저당 마카롱을 가장 큰 마케팅 포인트로 삼아 우리가 알고 있는 마카롱의 형태를 유지할 필요가 없다면 무관한다.

트레할로스　　코코넛슈거　　스테비아

이 책에서 소개하는 모든 버터크림 레시피는 설탕 10~15%를 대체당으로 대체해 사용할 수 있다. 대량 생산의 경우 버터크림의 특성상 분리될 가능성이 크므로 반드시 테스트를 통해 대체당의 양을 늘려가는 것이 좋다. 설탕 전량을 모두 대체당으로 대체하면 텍스처, 맛, 보형성에 영향을 미치게 되므로 추천하지 않는다.

대체당 종류	특징
트레할로스	설탕 대비 감미도가 38%로 제품에 주는 영향이 적다. 수분 저장(보습)효과가 있다. 코크보다는 필링에 적용하여 당분을 낮추는 것을 추천한다.
스테비아	스테비아 잎과 줄기에서 추출해 만든 천연 감미료이다. 칼로리는 제로이며 감미도는 설탕의 300배로 아주 강하다. 혈당 수치를 낮추는 역할을 하나 해외에서는 식품에 스테비아 첨가를 인정하지 않는 국가도 있다.
코코넛 설탕	천연 설탕으로 사람들이 선호하는 바디감 좋은 단맛이 난다. 특히 커피나 차에 첨가하면 깊은 단맛을 즐길 수 있다. 혈당 수치를 낮추는 역할을 한다.
에리스리톨	자일리톨과 같은 당알코올의 일종으로 설탕 대비 감미도는 약 70~80% 정도이다. 몸에 전혀 흡수되지 않기 때문에 하루 섭취량에 제한이 없어 제로칼로리 탄수화물로 평가되고 있다.
알룰로스	새로운 설탕 대체물로 설탕 대비 감미도는 70% 정도이다. 설탕의 맛과 식감을 지니면서도 칼로리가 낮다. 체중 감량과 지방 감소를 촉진하고 혈당의 균형을 맞추는 것은 물론 체내 염증을 완화하는데 도움이 된다. 단 많은 양을 섭취하면 부기, 가스, 설사와 같은 가벼운 소화 증상이 있다고 알려져 있다.

* 이 책에서는 제과에서 일반적으로 사용하는 설탕, 분당, 슈거파우더 외의 당류를 대체당으로 묶어 표현했다.

버터

버터는 버터크림의 기본 재료로 마카롱의 풍미에 결정적인 영향을 준다. 지방 함량 82% 이상의 버터를 사용하는 것이 좋으며 향이 좋은 발효버터는 깊고 풍부한 맛을 연출할 수 있다.

발효버터는 우유에서 분리시킨 크림에 젖산균(배양균)을 넣어 발효 과정을 거친 버터로 트랜스지방이 적고 수분이 많으며 특유의 고소한 맛이 난다. 유럽산 버터는 대부분 발효버터인 경우가 많다. 다른 재료와 혼합하면 원재료의 맛을 살리면서 깔끔한 뒷맛을 느낄 수 있다.

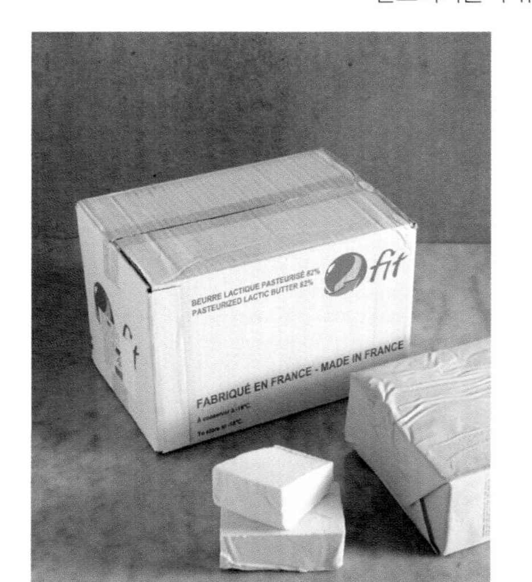

버터는 특히 브랜드마다 맛과 향, 색상이 다르므로 매장 특성에 맞는 버터를 선택하도록 한다. 양산화 하는 공장 등에서는 가격이 부담되어 콤파운드 버터나 마가린을 사용하기도 하나 특유의 향이 강하고 크림 질감에서 차이가 많이 난다.

버터는 보통 대량으로 구매하므로 냄새가 배지 않도록 밀봉해서 냉동고에 보관해 두었다가 필요한 양만 냉장고에 해동시켜 사용한다. 또한 버터는 수분 재료와 만나면 쉽게 분리되기 때문에 늘 작업 온도에 신경을 써야 한다. 마카롱 필링에 사용하는 버터는 실온의 부드러운 상태여야 하기 때문에 약 20℃ 전후의 온도로 준비하고, 겨울철에는 실온에 먼저 꺼내 둔다. 버터를 녹이거나 가나슈에 섞을 때는 미리 작은 큐브 형태로 잘라 놓으면 균일하고 편리하게 작업할 수 있다. 또, 전자레인지로 한번에 많은 양을 녹이면 안쪽부터 녹거나 타기 쉬우니 10초씩 짧게 끊어 버터의 상태를 확인하면서 녹인다. 이 책에서는 무염 발효 고메버터를 사용했다.

생크림

생크림은 우유의 지방 성분만을 분리하여 살균한 것으로 마카롱의 필링용 가나슈, 캐러멜 등에 대부분 가열해서 사용한다. 우리나라에서는 유지방 함량이 18% 이상이면 생크림으로 분류하고 있다. 국산 생크림의 경우 제조일로부터 냉장 7일 정도로 유통기한이 짧고 개봉 후에는 바로 사용해야 하는 단점이 있지만 신선하고 고소하여 초콜릿, 과일, 치즈 등 어떤 재료와 혼합해도 그 맛을 풍부하게 낼 수 있다. 이 책에서는 필링의 맛과 질감에 따라 유지방 함량 36~41%의 국산 생크림과 35%의 프랑스 · 스페인산 동물성 휘핑크림을 나눠 사용했다. 해외에서 유통되는 휘핑크림은 필링 제조와 유통 과정에서 이수 현상이 적고 작업성이 좋아 대량 생산에 추천한다.

생크림 VS 휘핑크림

생크림은 유지방분이 분리되기 쉬워 휘핑하기가 어렵고 유통기한이 짧으며 가격이 비싸다. 생크림의 안정성을 높인 휘핑크림은 동물성과 식물성이 있는데 동물성 휘핑크림은 생크림을 가공한 크림이며 식물성 휘핑크림은 팜유, 유채유, 야자유 등의 식물성 유지와 합성 첨가물로 만든 크림이다.

PRODUCTION
마카롱 생산 관리

생산 계획 세우기

마카롱을 만들기 위한 재료와 도구, 기계와 설비 준비를 마쳤다면 이번엔 마카롱을 생산하고 관리할 계획을 세워야 한다.
우선 매장의 크기와 규모에 따라 일, 월별 매출을 예상해야 한다. 일년 중 이벤트가 있는 달은 마카롱의 메뉴뿐만 아니라 생산량도 평균보다 많아지니 미리 생산 계획을 세우는 것이 좋다. 특히 밸런타인데이, 화이트데이, 크리스마스와 같은 큰 이벤트가 있다면 보통 두 달 전에 메뉴를 계획하고 매출 목표에 따른 생산량을 짜야 한다. 기본적인 메뉴는 고정하되 스페셜 메뉴를 두어 개 준비하면 고객들의 선호도가 높아진다. 또한 마카롱은 색상으로 큰 변화를 줄 수 있는 제품이니 이 부분을 반드시 고려해야 한다. 마지막으로 포장용기에 담을 구성 요소들이 얼마나 다채롭고 조화로운지도 염두에 두면 좋다.
어떤 마카롱을 얼마나 만들지 정했다면 이번엔 실제로 코크와 필링을 만든다고 가정해 보자. 코크와 필링 모두 당일에 만들어 판매한다면 가장 이상적이겠지만 판매량이 늘어 대량 작업을 하게 된다면 쉽지 않은 일이다. 이때는 업장과 작업자마다 하루에 생산할 수 있는 수량에 한계가 있으므로 시간 계획을 잘 세워서 작업해야 한다. 업장에서 하루에 생산 가능한 최대치를 잘 계산해야 하며, 작업하는 인원수와 분업화 방식 역시 중요하므로 고려한다.
마지막으로 완성된 마카롱은 유통할 수 있는 판매기한이 정해져 있기 때문에 코크에 필링을 채우는 시점을 계산하여야 한다. 생산량이 많은 경우 마카롱 필링은 각 메뉴별로 만들어 냉동고에 미리 보관해 두고 그때그때 필요한 필링을 꺼내 쓰는 방식이 좋다. 때문에 필링이 먼저 제조되어 있는 상태에서 코크 작업을 하는 것이 올바른 작업 순서라고 할 수 있다.
코크는 색소가 들어가는 제품일 경우 연한 것부터 진한 것 순서로 제조하는 것이 작업 효율이 좋다.

마카롱의 종류 및 수량 계획 → **메뉴별 필링 제조** → **종류별 코크 생산** → **필링 채우기** → **종류별로 냉동 보관**

필링 관리

필링의 보관과 해동

필링을 만들었다면 반드시 표면에 랩을 밀착시키고 랩핑하여 최대한 공기가 닿지 않도록 보관해야 한다. 보관이 잘못되면 유통기한 내에도 부패하는 불상사가 일어날 수 있다. 또한 보관 용기는 항상 깔끔하게 유지하며 사용하기 전에는 알코올 소독을 한다. 주변에 세균 번식이 될 만한 원인이 있다면 차단한다.
보관 용기에 필링을 담고 나면 필링의 이름과 생산 날짜를 반드시 표기한다. 바로 사용할 크림만 냉장 보관하고, 장기 보관할 경우에는 바로 -20℃의 냉동실에 넣는다. 자주 사용하는 냉동고는 문을 자주 열게 되어 온도변화가 심하므로 장기 보관할 크림은 넣지 않도록 한다. 이때 미리 만들어 둔 필링을 한 번 얼렸다 녹인 뒤 재냉동하게 되면 변질되는 속도가 급격히 빨라져 사용할 수 없게 되므로 필링은 만드는 코크의 양에 맞춰 소분하여 냉동 보관하는 것이 좋다.

필링별 유통기한과 해동 방법

필링마다 유통기한이 다른데, 버터크림보다 가나슈의 보관기간이 4~6주 정도 더 길다. 냉동 필링을 전자레인지로 녹이면 사용할 수 없는 상태로 녹아 버리거나 적절한 상태로 조절하기 어렵기 때문에 전자레인지에 20~30초씩 끊어 돌리며 필링 안쪽과 바깥쪽의 상태를 확인하고 잘 섞어 가며 해동시켜야 한다.

버터크림 필링

필링용 버터크림은 냉동고에서 약 3개월 동안 보관할 수 있다. 단, 노른자의 함량이 많은 앙글레즈나 파트 아 봉브 버터크림은 이탈리안 머랭 베이스의 버터크림보다 유통기한이 짧아 냉장에서 3일, 냉동에서 30일 이상 보관하지 않는다. 사용할 때는 냉장고에 옮겨 해동시킨 뒤 믹서로 휘핑하여 약 20℃ 전후에서 사용한다.

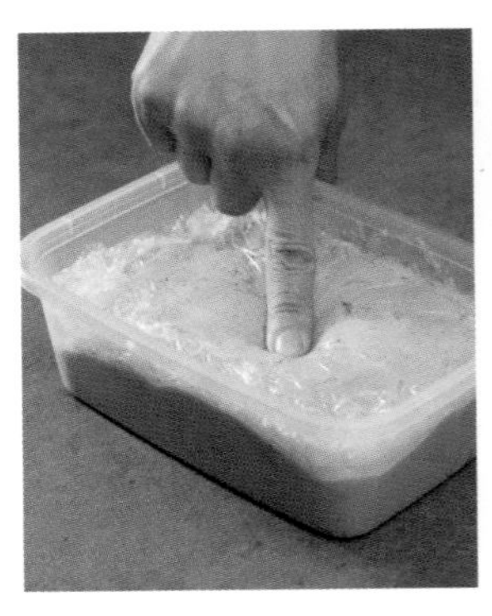

냉동했던 버터크림 필링을 사용하는 법

가나슈 필링

가나슈의 냉동 유통기한은 다코초콜릿을 베이스로 만든 필링이 가장 길며 약 6개월 정도이다. 그 다음이 밀크와 화이트 순으로, 화이트초콜릿을 베이스로 만든 필링은 다른 가나슈에 비해 유통기한이 짧다.
가나슈는 사용하기 전 냉장고에 옮겨 해동하고, 짜기 전 실온에 꺼내 주걱 등으로 텍스처를 확인한 뒤 사용한다. 너무 단단하거나 차가우면 분리될 수 있으므로 주의한다. 유통이 필요한 경우 온도 변화 없이 냉동(-20℃) 상태를 유지하도록 한다.

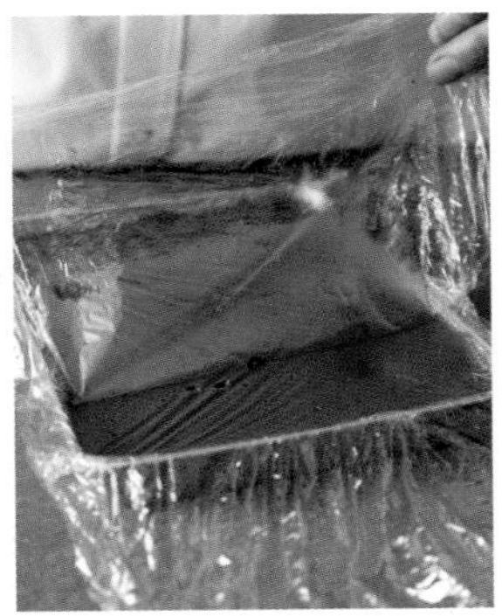

사용하기 적절한 가나슈 필링

소량과 대량 필링 생산에 필요한 사전 작업

	소량 생산	대량 생산
버터	버터를 큐브 상태로 잘게 자른다.	버터가 부드러운 상태가 되어 섞일 수 있도록 온도를 20℃로 맞춰 둔다.
초콜릿	초콜릿을 녹이지 않고 그대로 사용한다.	초콜릿 일부를 녹여 작업을 수월하게 한다.

마카롱 숙성

필링을 채운 마카롱은 밀폐용기에 담아 제품명, 제조일을 표시한 뒤 냉장 숙성시켜야 한다. 이때 숙성 시간이 코크의 식감과 마카롱의 맛을 좌우한다. 숙성 시간이 길수록 부드러운 마카롱이 되며 평균적으로 12시간 냉장 숙성시킨 뒤 바로 판매할 것을 남겨 두고 냉동실로 옮겨 보관한다. 쫀득한 식감을 선호한다면 필링을 채운 뒤 숙성시키지 말고 바로 냉동했다가 판매 당일 필요한 분량만 미리 냉장 해동시킨다. 대량 유통하는 매장에서는 숙성시키지 않고 완성된 마카롱을 바로 냉동할 것을 추천한다. 이때 마카롱은 전용 케이스에 보관하는 것이 파손을 줄일 수 있고 분류 작업에 편리하다.

마카롱 해동과 판매

완성된 마카롱은 당일 판매할 분량만 냉동고에서 꺼내 오픈 최소 3시간 전 냉장 쇼케이스에서 서서히 해동시킨 뒤 판매한다. 만일 숙성을 거치지 않은 마카롱이라면 전날 쇼케이스에 꺼내 두고 해동과 숙성을 동시에 유도하는 것도 방법이다. 마카롱 쇼케이스의 적정 온도는 판매자와 매장 환경에 따라 다르지만 평균적으로 5~7℃이다.

또한 한 번 해동시킨 마카롱은 재냉동하지 않는다. 폐기율이 높은 매장의 경우 쇼케이스에는 마카롱 모형을 진열하고 제품은 바로 냉동실에서 꺼낸 것을 판매하되, 고객들은 냉동 자체에 대한 거부감이 있으므로 마카롱을 냉동고에 신선하게 보관하고 냉장 해동시켜 맛있게 먹는 방법을 설명하는 것이 중요하다.

패키지 제작

처음부터 포장 패키지를 대용량으로 주문 제작하기보다는 시중에 판매되고 있는 패키지를 먼저 사용해 보고 난 뒤 각각의 매장 성격과 이미지에 맞는 패키지를 제작하는 것이 좋다. 마카롱의 경우 크기에 따라 들어가지 않거나 너무 헐거운 경우가 많으므로 반드시 마카롱을 넣어 보고 결정하도록 하자.

BASIC

PART 2
기본 마카롱 만들기

1 마카롱 코크 정복하기

2 머랭 종류별 코크 만들기

- 프렌치 머랭으로 코크 만들기
- 스위스 머랭으로 코크 만들기
- 이탈리안 머랭으로 코크 만들기
- 이탈리안 머랭으로 응용 코크 만들기

3 마카롱 필링 만들기

COQUE

마카롱 코크 정복하기

마카롱 코크는 머랭에 아몬드파우더와 슈거파우더를 섞어 굽는다. 재료의 상태, 공정, 건조, 굽기의 조건 등 다양한 요인에 따라 성패가 좌우되는 까다로운 작업이지만 원리를 이해하면 충분히 정복할 수 있다. 코크는 미리 대량으로 만들어 둘 수 있고, 필링의 종류만 바꾸면 다양한 마카롱을 생산할 수 있어 효율성도 뛰어나다. 프렌치, 스위스, 이탈리안 3가지 머랭으로 코크를 만들 수 있는데 파트 2에서는 마카롱 코크의 기본 이론과 머랭별 코크를 만들어 본다.

머랭 만들기

머랭은 마카롱 코크 만들기의 성공과 실패를 좌우하는 가장 중요한 요소이다. 머랭은 흰자에 설탕을 넣고 휘저어 공기 포집을 해 거품을 낸 것으로, 달걀의 기포성을 이용한 것이다. 흰자의 상태, 설탕의 양과 넣는 타이밍, 머랭의 종류, 머랭을 올리는 정도에 따라 코크의 형태와 식감 등이 모두 달라진다.

신선한 흰자의 사용

온도가 낮고 신선한 흰자는 농후단백(진한 흰자)의 양이 많아 끈기와 탄력이 강해 좀처럼 계량하기 어렵다. 하지만 시간이 지나면 단단한 부분의 수분이 점차 이동하며 흰자에 흐름성이 생겨 작업이 수월해지고 기포도 잘 형성된다. 분리해서 쓰는 일반 흰자의 계량이 힘들다면 핸드블렌더로 살짝 풀어 흐름성을 만들어 사용하면 좋다. 오래되었거나 실온 이상의 온도에서 보관된 흰자의 경우 끈기가 적어 처음부터 거품이 잘 나지만 금방 처지고 안정성이 없다.

적절한 설탕의 양과 투입 시기

머랭과 설탕

설탕은 수분을 흡수하는 성질이 있어 흰자 단백질의 기포 포집 과정을 방해하지만, 기포를 포집한 뒤에는 단백질 막의 수분을 흡수하여 머랭 안정화에 도움이 된다. 이렇듯 설탕은 머랭 형성을 방해하기도 하고 머랭의 안정화에 도움이 되기도 하는 상반된 성질을 가진 재료이다.
흰자만으로 머랭을 올리면 거품은 빨리 풍성하게 일어 나고 부피도 금방 커지지만 기포의 크기가 균일하지 않고 거칠며 금방 꺼진다. 한편 머랭의 윤기, 밀도, 질감은 설탕의 양과 넣는 타이밍에 따라 달라지므로 설탕의 양과 투입 시기를 적절히 조절해 코크에 적합한 머랭을 만들어야 한다.

적당한 설탕의 양

머랭을 올릴 때 레시피대로 적당한 양의 설탕을 넣으면 기포의 크기가 균일해 머랭의 결이 부드럽고 촘촘하며 머랭이 안정적으로 오래 유지된다. 설탕을 적게 넣으면 처음부터 기포가 잘 형성되어 머랭의 부피는 커지지만 쉽게 꺼지고 힘 없는 머랭이 된다. 반면, 설탕의 양이 많으면 기포 형성이 어렵고 점성이 많은 찐득한 머랭이 된다.

설탕의 투입 시기

대체적으로 신선한 흰자에 넣는 경우라면 소량을 처음부터 넣고, 시간이 지난 실온 상태의 흰자에 넣는다면 설탕량을 줄이거나 나중에 넣는 경우가 많다. 그러나 처음부터 너무 많은 설탕을 넣으면 거품이 잘 생기지 않아 기포의 크기가 작고 조밀해진다. 따라서 이때의 머랭은 볼륨이 적고 끈적한 상태가 되므로 주의한다. 잘 무너지지 않는 탄탄한 머랭을 만들기 위해서는 우선 처음에 흰자만 휘핑해 기포를 잘 형성시켜 놓는 것이 중요하다. 그 이후에 설탕을 나눠 넣으면 설탕이 기포를 둘러싼 단백질 막을 안정화시키기 때문에 적당한 부피와 균일한 기포를 가진 탄탄한 머랭을 만들 수 있다.

당도 조절하기

코크를 만들 때 설탕을 임의적으로 줄이면 머랭이 불안정해지면서 코크의 모양과 식감이 달라지는데, 이는 설탕이 머랭의 기포성과 안정성 유지에 중요한 역할을 하기 때문이다. 때문에 설탕을 줄이면 코크가 의도한 모양대로 잘 나오지 않을 뿐만 아니라 퍼석하거나 더 달게 느껴질 수도 있다. 또한 당도가 떨어져 유통할 때 쉽게 변질될 수 있다. 마카롱의 당도는 코크보다는 필링으로 조절하는 것이 좋다. 필링의 설탕량을 줄이거나 대체당을 사용해 보자.

머랭의 올린 정도

알맞게 올린 머랭

적당하게 올린 머랭은 광택이 있고 부드럽지만 모양이 잡힐 정도로 단단하다. 거품기로 머랭을 들어 올리면 끝부분에 새의 부리 모양처럼 뾰족한 삼각형 모양이 잡히면서 끝부분만 살짝 휘어진다. 알맞게 올린 머랭은 마카로나주도 적당하게 되고 반죽을 팬닝하면 적당히 퍼지면서도 볼륨이 살아 있다. 구운 뒤 코크는 피에가 균일하고 표면이 매끄럽다. 단면을 잘라 보면 속이 촘촘하고 조밀하게 차 있다.

덜 올린 머랭

머랭을 덜 올리면 매우 부드러운 질감이 되고 거품기로 들어 올렸을 때 머랭이 아래로 흘러내리듯 축 처진다. 덜 올린 머랭을 사용한 마카롱 반죽은 마카로나주가 빨리 끝나는데, 반죽이 질 뿐더러 반죽을 짤 때 넓고 납작한 모양이 되며 서로 붙기도 한다. 굽고 난 결과물 역시 피에가 잘 형성되지 않고 설탕이 삐져나오는 등 모양이 일정하지 않으며 윗면에 기름기가 뜨기도 한다. 껍질은 얇아서 잘 부서지고 잘랐을 때 단면의 윗부분이 빈 경우가 많다.

과하게 올린 머랭

머랭이 단단하게 뭉쳐서 매끈하지 않고 거칠다. 거품기로 들어 올렸을 때 끝부분이 휘지 않고 날 사이에 뭉쳐 있다. 머랭이 단단해 재료들이 잘 섞이지 않고 마카로나주 시간도 오래 걸린다. 잘못하면 아몬드가루의 유분이 새어 나와 윗면에 뜨기도 한다. 팬닝한 뒤 표면이 매끈하지 않고 자국이 남아 있는 경우가 많다. 코크가 많이 부풀어 볼륨이 크고 피에도 크며 거칠다. 코크 껍질은 두껍고 단면에 기공이 크거나 오븐에서 많이 부풀어 속이 비기 쉽다.

중간에 휘핑을 중단한 머랭 / 휘핑 후 시간이 많이 경과한 머랭

머랭을 휘핑하다 중간에 중단하면 단백질의 성질이 변해 거품이 잘 일지 않는다. 잘 휘핑한 머랭도 시간이 지나면 흰자에서 수분이 분리되어 머랭이 분리되고 덩어리가 진다. 따라서 머랭을 올릴 때는 미리 모든 준비를 마친 뒤 처음부터 끝까지 중단 없이 작업하고, 일단 머랭을 완성하면 바로 사용하도록 한다. 시간이 지체되어 분리되었거나 힘이 없어진 머랭은 사용하지 않고 폐기하는 것이 좋다.

마카로나주

마카로나주란 마카롱을 파이핑 하기 전 액체 재료와 가루 재료를 정성껏 섞어 마카롱을 만드는 단계로, 머랭과 가루를 섞는 과정에서 반죽의 되기 상태를 만들어가는 과정을 뜻한다. 주걱으로 반죽을 계속 치대거나 반죽을 볼 벽면에 문질렀다 다시 모으기를 반복하면서 머랭을 일정 정도 꺼뜨리며 되기를 맞추는데 이는 마카롱의 완성도, 모양, 식감, 볼륨 그 모두를 결정하는 가장 중요한 공정이다. 종료시점은 우선 반죽의 윤기 나는 정도를 확인한 뒤 반죽을 30㎝ 위에서 떨어뜨려 보았을 때 흘러내리는 속도와 퍼지고 쌓이는 상태를 보고 판단한다.

올바른 마카로나주 방법

한 손으로 볼을 돌리면서 다른 한 손으로 고무주걱을 잡고 반죽 전체를 아래에서 위로 들어올리며 가루 재료가 보이지 않을 때까지 부드럽게 섞는다. 계속해서 볼을 돌리며 둥근 스크레이퍼로 반죽을 밑에서부터 떠 올려 앞으로 덮는 동작을 마카로나주 완료 상태가 될 때까지 전체적으로 반복한다. 볼 안쪽에 반죽을 넓게 펼쳐 발랐다 모으는 방법도 있지만, 초보자의 경우 머랭을 과도하게 꺼지게 해 반죽이 묽어질 수 있으므로 주의한다. 반죽은 섞으면 섞을수록 묽어지며 퍼진다는 것을 염두에 두고 작업하도록 한다.

완벽한 마카로나주란?

- ☐ 반죽 전체에 윤기가 난다.
- ☐ 주걱으로 반죽을 반으로 가르면 무게감 있게 서서히 모인다.
- ☐ 주걱으로 반죽을 들어 올리면 리본 모양으로 끊어지지 않고 흐르며 약 10초간 흔적을 남겼다가 서서히 사라진다.
- ☐ 짤주머니에 채우면 줄줄 흐르지 않고 천천히 나와 수월하게 양을 조절하며 짤 수 있다.
- ☐ 팬닝하면 살짝 퍼지며 태핑하면 적당한 크기로 매끄럽게 퍼진다.
- ☐ 빠르게 말라 건조시간이 짧다.
- ☐ 피에가 과하지 않고 안정적으로 형성된다.
- ☐ 구운 후 테프론시트에서 깨끗하게 분리된다.
- ☐ 코크 속이 꽉 차 있으며 겉은 바삭하고 안은 촉촉하고 쫀득하다.

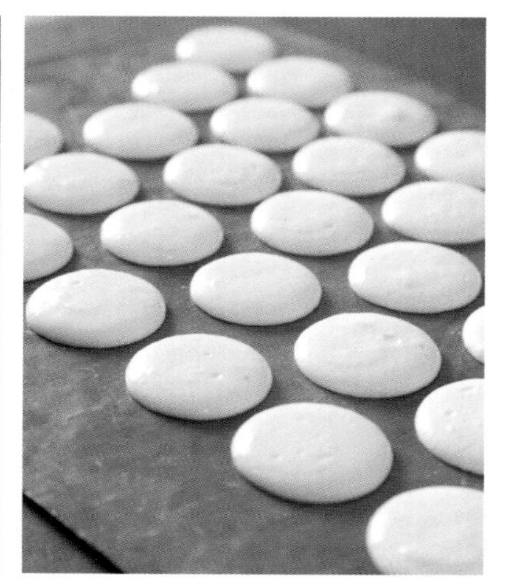

마카로나주가 부족한 경우

- □ 반죽에 윤기가 없다.
- □ 반죽의 농도가 되직해 파이핑한 모양이 그대로 남아 표면이 거칠고 울퉁불퉁하다.
- □ 태핑해도 코크가 평평하게 퍼지지 않는다.
- □ 오븐에서 바닥면이 많이 구워지며 식감이 전체적으로 단단하고 바삭하다.

마카로나주가 과한 경우

- □ 반죽이 묽어 짤주머니에 채웠을 때 양 조절이 어려울 정도로 줄줄 흐른다.
- □ 반죽을 짤 때 코크가 너무 퍼져 마카롱끼리 서로 붙는다.
- □ 코크가 얇게 만들어지며 피에도 낮게 형성된다.
- □ 코크 모양이 일정하지 않고 시럽이 흘러나온다.
- □ 반죽이 번들거리고 습기가 많아 건조 시간이 오래 걸린다.
- □ 구운 뒤 바닥에 붙어 테프론시트에서 깔끔하게 떨어지지 않는다.
- □ 끈적하고 덩어리진 식감을 갖는다.

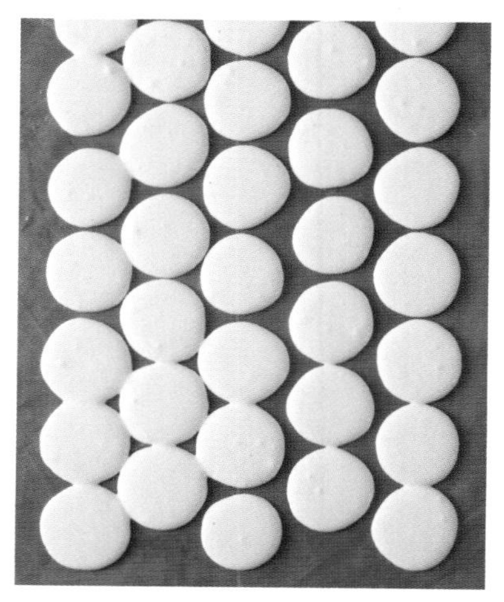

팬닝 하기

마카롱 반죽을 오븐팬에 짜는 과정이다. 오븐팬에 테프론시트를 깔고 일정한 크기로 적당한 간격을 유지하며 반죽을 짠다. 일정한 크기로 짜야 오븐 안에서 균일하게 구워진다. 반죽을 짤 때는 코크가 퍼지는 크기를 고려해야 한다. 보통 팬을 두드려 태핑하면 지름이 3~5㎜ 정도 커진다. 반죽을 짠 뒤 코크 표면에 자국이 남지 않도록 깔끔하게 마무리한다.

응용 1 **마블 모양으로 짜기** 짤주머니 1개를 사용하는 경우

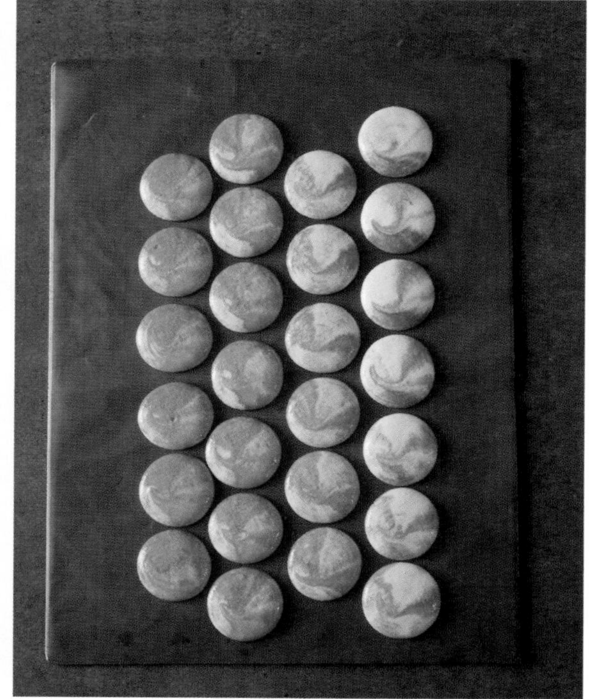

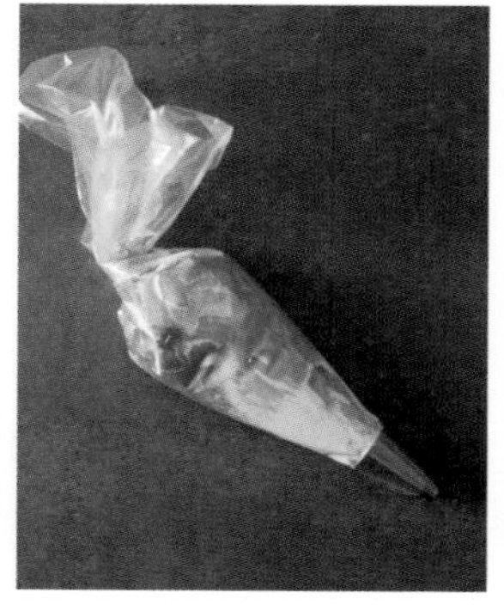

응용 2 **마블 모양으로 짜기** 짤주머니 2개를 사용하는 경우

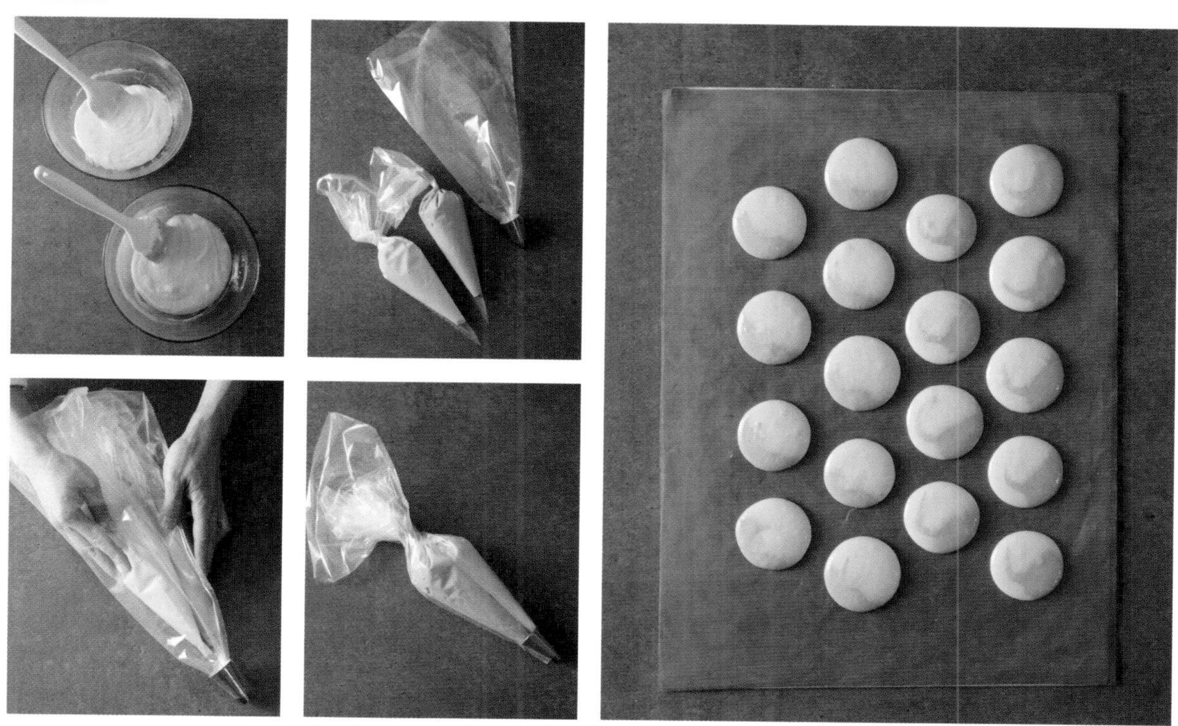

응용 3 가운데 점(도트) 모양 짜기

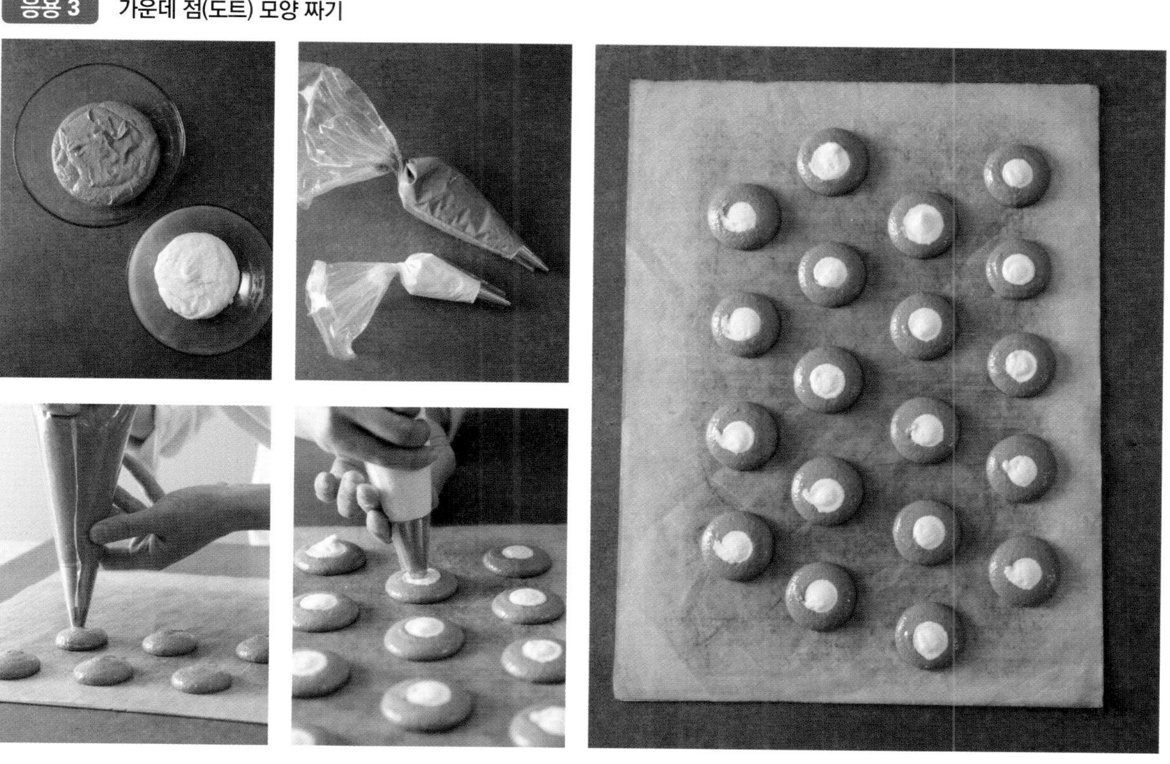

태핑 하기

코크를 팬닝한 오븐팬 아래쪽을 손바닥으로 치는 것을 태핑이라고 한다. 태핑을 하면 코크 안의 불필요한 기포가 빠지고 코크를 평평하게 만들 수 있다. 태핑을 하지 않으면 코크가 두껍게 나오거나 코크 내부가 빌 수 있다.
오븐팬 아래 가운데를 손바닥으로 2번 친 뒤, 오븐팬 방향을 돌려 2번 정도 친다. 가장자리 쪽을 지나치게 태핑하면 코크의 크기가 달라질 수 있으므로 주의한다.

건조 하기

코크를 건조하는 이유

코크의 팬닝과 태핑까지 끝난 오븐팬은 위에서부터 순서대로 랙에 꽂아 건조시킨다. 코크를 건조시키면 셸(껍질)이 형성되어 피에가 균일하게 만들어지며 겉은 바삭하고 안은 쫀득하게 구워진다. 그러나 너무 많이 건조시키면 반죽이 굳어 버려 피에가 형성되지 않을 수 있으니 주의한다. 이탈리안 머랭으로 만든 코크의 경우 그 특징상 건조 없이 바로 구워도 코크가 안정적으로 만들어지는 편이지만 윗면이 갈라지거나 터질 수 있기 때문에 최소 10분 정도는 건조시킨 뒤 굽는 것이 좋다.

건조 정도와 환경

코크를 건조시키기 가장 좋은 작업장 환경은 온도 18℃에 습도 60% 이하이다. 여기서 코크 반죽 겉면에 얇은 막이 생기고 손으로 만졌을 때 반죽이 묻어 나오지 않을 때까지 30분~1시간 정도 건조시킨다. 하지만 이 환경은 계절, 시간대, 오븐 사용 여부 등 여러 환경에 따라 달라지는데 예를 들어 여름철 장마 기간에는 습도가 높아지기 때문에 머랭이 묽어져 반죽 또한 질어지므로 건조 시간이 오래 걸린다. 이때는 선풍기 등의 보조 기구를 이용하여 건조시켜야 한다. 혹은 미리 에어컨 제습 기능 등을 사용해 습도가 70%를 넘지 않도록 한다. 습도가 너무 높은 경우 오븐에서 건조시키기도 하는데 너무 높은 온도에서 건조시킬 경우 머랭의 기포가 꺼져 구운 뒤 속이 빌 수 있으므로 추천하지 않는다. 또, 온도가 높아지면 습도가 높아지는 것과 같은 영향이 있기 때문에 여름에는 오븐을 본격적으로 가동하기 전 실내 온도가 19~20℃일 때 작업하는 것이 좋다.

덜 건조된 반죽

너무 많이 건조된 반죽

적절히 건조된 반죽

굽기

같은 반죽도 굽는 온도와 시간, 오븐의 종류와 굽는 환경에 따라 결과물이 달라질 수 있으므로 반드시 사전 테스트를 통해 굽는 시간과 온도를 조절한다.

완벽한 코크를 굽는 전제 조건

- □ 데크오븐은 약 30분, 컨벡션오븐은 10분 이상 예열한다.
- □ 마카로나주가 끝난 반죽을 일정한 모양으로 팬닝한 뒤 실온에서 약 10~20분 정도 건조시킨다.
- □ 반죽이 손에 묻어나지 않고 만져 보았을 때 까끌까끌하며 막이 형성되어 있는지 확인한다.

예열하기

컨벡션오븐은 약 150℃, 데크오븐은 윗불, 아랫불 모두 약 170~175℃로 예열한다. 오븐 내 온도가 빨리 올라가는 컨벡션오븐과 달리 데크오븐은 예열에 충분한 시간이 필요하다. 데크오븐의 경우 코크의 바닥면에 색이 진하게 날 수 있으므로 오브팬을 한 장 더 겹치거나 식힘망을 깔아 아랫불의 온도를 조절하는 것이 좋다. 윗불의 온도가 낮은 경우에는 피에가 나오지 않으므로 윗불, 아랫불의 온도를 동일하게 설정하고 굽는다. 물론 오븐의 브랜드와 종류마다 적절 온도는 달라지므로 충분한 테스트를 거쳐 자신이 갖고 있는 오븐에 적합한 온도를 찾아야 한다. 대량 생산의 경우에는 데크오븐 혹은 로터리오븐이 편리하다.

굽는 시간

컨벡션오븐과 데크오븐에 따라, 한 오븐 안에 넣는 팬의 개수에 따라 온도 및 시간을 다르게 설정한다. 4단 컨벡션오븐의 경우 오븐팬 4장에 마카롱 코크를 동시에 굽는다면 총 12~13분 정도 소요된다. 같은 오븐, 같은 환경이라 하더라도 코크가 단단하게 나온다면 다른 오븐보다 온도가 높은 것이므로 시간을 줄여야 한다. 구워진 마카롱을 완전히 식힌 다음 바닥면을 손으로 만져 보았을 때 살짝 눌리지 않고 단단하다면 굽는 시간을 줄여야 한다.

반듯한 피에 굽기

오븐팬을 넣고 약 5분이 지나면 바닥에서 피에가 형성되기 시작한다. 피에는 코크가 구워지면서 뜨거운 증기가 마카롱 표면에서 빠져나오며 생기는 마카롱의 발이라고 할 수 있다.

컨벡션오븐은 보통 바람이 한 방향에서 나오기 때문에 6분 정도 지난 뒤 피에가 완전히 굳기 전에 오븐팬의 방향을 돌려야 피에가 한 방향으로 쏠리지 않고 반듯하게 나온다. 오븐팬은 보통 맨 윗단부터 넣으므로 넣은 순서대로 방향을 바꾼다. 오븐 내부 온도가 식지 않도록 빨리 작업하고 오븐문도 최소한으로 연다. 로터리오븐이나 데크오븐은 오븐팬의 방향을 바꿀 필요 없이 그대로 구워도 된다.

잘 구워진 코크란?

코크는 굽자마자 바로 오븐팬에서 분리해야 한다. 뜨거운 팬 위에 올려 두면 남은 열기로 코크가 단단해질 수 있다. 차가운 식힘망 위에 10~15분 정도 두면 식는다.

잘 구워진 코크는 구움색이 나지 않고 전체적으로 매끈하면서도 가장자리는 살짝 터져 있어 만졌을 때 살짝 들어가며 식감은 쫀득하다.

만약 바닥면이 너무 단단하고 바삭하며 구움색이 많이 났다면 오버베이킹 된 마카롱 코크이므로 필링을 짜고 숙성을 한 후에도 코크가 필링과 따로 놀아 딱딱하고 식감이 질기다. 반대로 만져 보았을 때 끈적끈적하고 매끄럽지 못하며 큰 기포 구멍이 있다면 덜 구워진 것이므로 이는 필링을 짜고 숙성한 후에도 코크가 부드러워 부서지기 쉽다. 따라서 양쪽 모두 필링을 넣기에 적합하지 못하다.

컨벡션오븐 VS 데크오븐

	컨벡션오븐	데크오븐
예열 시간	10분	최소 20~30분
예열 온도	150℃	170~175℃
굽는 시간	10~11분 오븐에 넣는 오븐팬의 수에 따라 시간은 조금씩 달라질 수 있다.	12~13분 오븐에 넣는 오븐팬의 수에 따라 시간은 조금씩 달라질 수 있다.
주의점	오븐에 넣고 6분 뒤 오븐팬의 앞뒤를 돌려 준다.	오븐 바닥에 그릴 식힘망을 넣고 그 위에 오븐팬을 올려 굽는다.
	빵팬과 같이 깊이가 있으면 테두리 부분의 열전도율이 좋지 않고 꺾인 부분까지 짜기 어렵기 때문에 테두리가 없고 평평한 오븐팬이 작업하기 편하다.	

코크의 실패 원인

코크 속이 비었다

- □ 머랭이 너무 단단하여 마카로나주가 덜 된 경우
- □ 머랭을 덜 올려 반죽이 힘이 없고 얇게 짜 진 경우
- □ 오븐 온도가 너무 낮은 경우

코크 윗면이 갈라졌다

- □ 건조 시간이 짧아 충분히 건조되지 않은 채 구워진 경우
- □ 오븐 열이 너무 센 경우
- □ 마카로나주 작업이 오버돼 반죽이 묽어져 건조 시간이 오래 걸린 경우
- □ 머랭이 너무 묽어 파이핑 후 퍼져 버린 경우

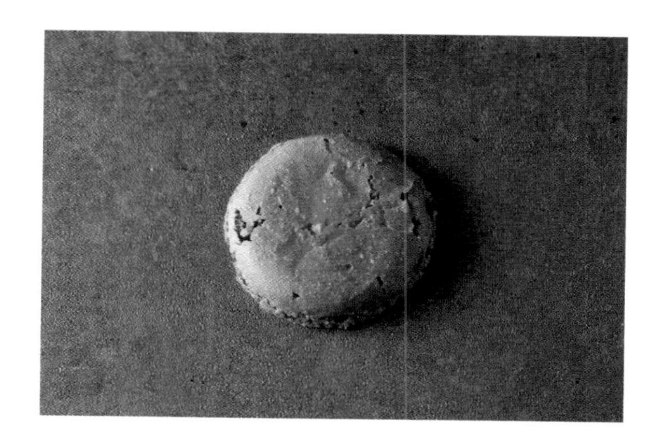

코크가 퍼지고 피에가 한쪽으로 쏠렸다

- □ 머랭이 너무 묽어 반죽 자체가 묽어진 경우
- □ 마카로나주 작업이 너무 오버된 경우

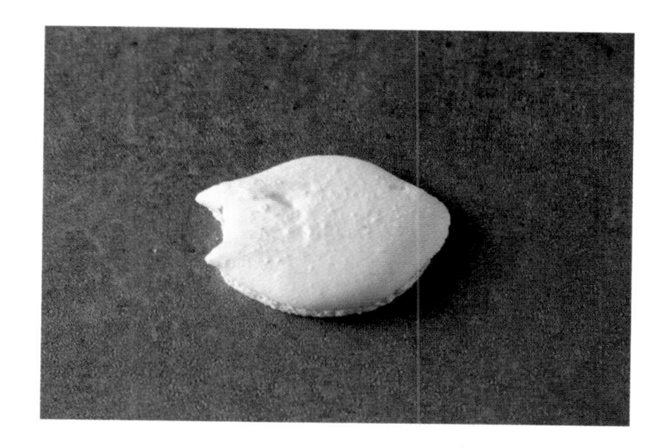

코크가 울퉁불퉁하고 표면이 거칠다

- □ 마카로나주 작업이 덜 된 상태에서 반죽을 짠 경우
- □ 아몬드파우더 입자가 크고 푸드프로세서에 갈지 않은 경우
- □ 파이핑이 균일하지 못한 경우

코크가 테프론시트에서 잘 떨어지지 않고 코크 뒷면이 끈적끈적하다

- □ 덜 구워진 경우
- □ 오븐 열이 너무 약한 경우
- □ 머랭을 잘못 올려 반죽이 묽은 경우
- □ 마카로나주가 오버되어 반죽자체가 묽어져 버린 경우

코크의 피에가 없다

- □ 머랭이 너무 묽어 옆으로 퍼져 버린 경우
- □ 반죽을 너무 많이 건조시켜 굳어 버린 경우
- □ 오븐열이 너무 낮은 경우

코크의 색깔이 누렇거나 구움색이 난다

□ 오븐열이 너무 센 경우
□ 컨벡션오븐의 바람이 센 경우

코크 위에 주름이 지고 얼룩이 있다

□ 아몬드파우더가 너무 오래되어 기름이 나온 경우
□ (이탈리안 머랭의 경우)페이스트를 만들 때 너무 많이 섞어 아몬드파우더의 유분이 새어 나온 경우

테프론시트에서 코크가 서로 붙어 버렸다

□ 머랭을 덜 올려 반죽 자체가 묽어진 경우
□ 마카로나주가 오버되어 반죽이 묽어진 경우
□ 코크 사이의 간격을 너무 가까이 짠 경우

MAKING COQUE
BY MERINGUE TYPE 머랭 종류별 코크 만들기

코크는 흰자와 설탕으로 만든 머랭에 아몬드파우더와 슈거파우더를 섞어 만든다. 머랭에는 여러 가지 종류가 있는데 마카롱은 보통 프렌치, 스위스, 이탈리안 머랭 중 하나로 만든다. 머랭 종류별 코크의 특징과 만드는 법은 다음과 같다.

1 프렌치 머랭으로 코크 만들기

컨벡션오븐(스메그) 1대, 스탠드믹서(키친에이드) 4.5쿼터 1대 기준
총 중량 약 420g | 코크 개수 약 35~40개 | 마카롱 약 15~20개 분량

프렌치머랭은 가장 간단한 형태의 머랭이다. 열을 가하지 않기 때문에 차가운 머랭(Cold meringue)이라고도 부른다. 프렌치 머랭을 만들 때는 설탕을 넣는 시점이 매우 중요하다. 처음부터 흰자에 설탕을 많이 넣고 휘핑하면 거품이 잘 올라오지 않아 부피가 적은 머랭이 만들어지거나 아예 거품이 올라오지 않아 죽처럼 되는 경우도 있다. 반대로 설탕을 넣지 않고 휘핑을 하면 거품은 금방 오르고 머랭의 부피는 커지지만 안정성이 없어 쉽게 꺼진다. 흰자에 설탕 분량의 1/3을 먼저 넣고 휘핑을 시작한 뒤 거품기가 지나가는 라인이 보일 정도로 거품이 조밀하게 올라오면 남은 설탕 2/3를 넣고 휘핑한다. 설탕을 넣은 뒤 너무 오래 휘핑하면 머랭이 꺼질 수 있으니 오버 휘핑하지 않도록 주의한다.

[장점]

- ☐ 과정이 간단하다.
- ☐ 식감이 부드럽다.

[단점]

- ☐ 머랭이 상대적으로 안정적이지 못하여 쉽게 꺼질 수 있다.
- ☐ 빠른 속도로 작업해야 거품이 많이 꺼지지 않는다.
- ☐ 마카로나주 작업에 숙련된 기술이 필요하다.

French meringue

아몬드파우더 132g
슈거파우더 180g
설탕A 36g
난백파우더 1g
흰자 110g
설탕B 63g

1. 푸드프로세서에 아몬드파우더와 슈거파우더를 넣고 함께 간 뒤 체 친다.
2. 설탕A와 난백파우더는 함께 계량한다.
3. 믹서볼에 실온 상태의 흰자를 넣고 중속으로 휘핑한다.
4. 거품이 어느 정도 올라오면 2를 넣고 머랭을 올린다.
5. 머랭이 단단해지기 시작하면 설탕B를 넣고 단단하고 윤기 나는 머랭을 만든다.
6. 머랭에 1의 체 친 가루를 넣고 주걱으로 들어 올리 듯이 잘 섞어 마카로나주한다.
7. 오븐팬에 테프론시트를 깔고 반죽을 짤주머니에 담아 코크를 짠다.
8. 건조시킨 뒤 160℃ 오븐에서 약 12~13분 정도 굽는다.

- 믹싱 속도와 믹서의 힘에 따라 설탕을 넣는 타이밍이 달라질 수 있다. 믹서의 힘이 너무 센 경우 거품이 빨리 일어나므로 설탕을 조금 일찍 넣어 치밀하고 힘 있는 머랭을 만든다.
- 머랭을 거품기로 들어 올렸을 때 새부리 같은 모양이 잡히고 끝부분이 뾰족하면서도 살짝 휘어야 한다.

스위스 머랭으로 코크 만들기

컨벡션오븐(스메그) 1대, 스탠드믹서(키친에이드) 4.5쿼터 1대 기준
총중량 약 481g | 코크 개수 약 40~50개 | 마카롱 약 20~25개 분량

스위스 머랭은 흰자에 설탕을 넣고 중탕으로 50~60℃까지 데운 후 머랭을 올리는 방법이다. 처음부터 설탕을 모두 넣고 휘핑하기 때문에 다른 머랭에 비해 부피가 작고 온도를 너무 올리면 딱딱해질 수 있지만 초보자들도 쉽게 할수 있는 방법이다. 스위스 머랭으로 머랭쿠키나 장식도 쉽게 만들 수 있다.

[장점]

- ☐ 실패할 확률이 적다.
- ☐ 수분에 강하다.

[단점]

- ☐ 피에가 다른 머랭에 비해 상대적으로 얇다.
- ☐ 머랭을 너무 단단하게 만들면 반죽이 뻑뻑해져 마카로나주하기가 어렵다.

아몬드파우더 151g
슈거파우더 98g
흰자 115g
설탕 118g

1. 푸드프로세서에 아몬드파우더와 슈거파우더를 넣고 함께 간 뒤 체 친다.
2. 중탕 냄비에 적당량의 물(분량 외)을 넣고 끓인다. 물을 너무 많이 넣지 않도록 주의한다.
3. 볼에 실온 상태의 흰자와 설탕을 넣고 중탕 냄비 위에 올려 거품기로 잘 저으며 47~50℃까지 데운다.
4. 중탕 냄비에서 내린 후 휘핑하여 단단하고 윤기 나는 머랭을 만든다.
5. 머랭에 1의 체 친 가루를 넣고 주걱으로 들어 올리듯이 잘 섞어 마카로나주 한다.
6. 오븐팬에 테프론시트를 깔고 반죽을 짤주머니에 담아 코크를 짠다
7. 건조시킨 뒤 160℃ 오븐에서 약 12~13분 정도 굽는다.

Swiss meringue

이탈리안 머랭으로 소량 코크 만들기

컨벡션오븐(스메그) 1대, 스탠드믹서(키친에이드) 4.5쿼터 1대 기준
총중량 약 1,482g | 코크 개수 약 120~130개 | 마카롱 약 60~65개 분량

이탈리안 머랭은 거품을 낸 흰자에 뜨거운 설탕시럽을 부어 만든다. 힘이 있고 윤기가 나며 질감이 단단하고 쫀득해 오븐팬에 짠 뒤 형태를 잘 유지하는 편이라 케이크 아이싱이나 장식용, 무스, 버터크림을 만들 때도 사용한다. 건조 시간이 빠르고 표면이 매끈하며 안정적이므로 마카롱 대량 생산에 가장 적합하다. 이탈리안 머랭 코크 만들기를 잘 익혀 두면 다양한 마카롱을 효율적으로 생산할 수 있다.

[장점]

- ☐ 머랭이 안정적이고 형태를 잘 유지하므로 대량 생산에 용이하다.
- ☐ 건조 시간이 빠르다.
- ☐ 표면이 매끈하다.

[단점]

- ☐ 초보자에게는 과정이 복잡한 편이다.
- ☐ 시럽 온도가 정확하지 않거나 시럽을 끓이고 머랭을 올리는 타이밍을 맞추지 못하면 실패하기 쉽다.

페이스트
아몬드파우더 351g
슈거파우더 351g
흰자A 141g

머랭
흰자B 141g
설탕A 39g

시럽
물 108g
설탕B 351g

1. 푸드프로세서에 아몬드파우더, 슈거파우더를 넣고 갈아 체 친 다음 크고 넓은 볼에 담는다.
2. 믹서볼에 흰자B를 넣고 머랭을 올린다. 머랭이 70% 정도 올라오면 소량의 설탕A를 넣고 계속 휘핑한다.
3. 휘핑하는 동안 다른 냄비에 물과 설탕B를 넣고 시럽을 끓인다.
4. 시럽 온도가 118℃가 되면 믹서볼을 따라 시럽을 모두 흘려 부은 뒤 40~45℃ 정도가 될 때까지 고속으로 휘핑하여 머랭을 윤기있고 단단하게 올린다.

CHEF TIPS

- 시럽 양이 많지 않으므로 머랭과 시럽을 동시에 만드는 것이 좋다.
- 색소는 페이스트 흰자에 함께 계량해 섞는다.

Italian meringue

5 1에 흰자A, 4의 머랭 1/3을 넣고 주걱으로 잘 섞는다.
6 반죽이 전체적으로 잘 섞이면 남은 머랭의 1/2을 넣고 주걱으로 잘 섞는다.
7 나머지 머랭을 전부 넣고 섞은 뒤 마카로나주를 한다.
8 오븐팬에 테프론시트를 깔고 반죽을 짤주머니에 담아 코크를 짠다.
9 랙에 위에서부터 차례대로 넣고 10분 정도 건조시킨다.
10 150℃ 컨벡션오븐에서 13분 정도 굽는다. 오븐에 따라 굽는 온도와 시간을 조절한다.
11 구운 후 바로 식힘망이나 작업대로 옮겨 완전히 식힌다

CHEF TIPS

- 완성된 반죽은 전체적으로 윤기가 나고 주걱으로 반죽을 들어 올렸을 때 끊어지지 않으며 무게감 있게 주르륵 흘러 내려야 한다. 또, 반죽 위에 떨어졌을 때 바로 사라지거나 쌓이지 않고 자국이 잠깐 남아 있다가 살짝 퍼져야 한다. 반죽이 너무 빠르게 퍼지면 묽은 반죽이기 때문에 팬닝 후에도 많이 퍼지게 된다.
- 일정한 양과 크기로 짠 뒤 태핑했을 때 3㎜ 정도 퍼지며 형태가 유지되면 마카로나주가 잘 된 상태이다. 형태가 유지되지 않고 너무 퍼지면 마카로나주가 오버되어 반죽이 묽어진 것으로 짜기도 어렵고 짠 뒤 코크가 서로 붙을 수 있으니 주의한다.
- 잘 만들어진 반죽은 보통 10분 안에 자연 건조만으로 표면이 마른다. 건조가 다 된 코크는 손가락으로 겉면을 만져 보면 까끌까끌한 얇은 막이 형성되어 있다.

이탈리안 머랭 실패 원인

실패 원인의 80% 이상은 시럽 끓이는 속도와 흰자 거품 올리는 속도가 맞지 않아 시럽 넣는 타이밍을 맞추지 못하는 경우이다. 시럽이 118℃까지 다 끓었는데 머랭이 60% 정도 밖에 올라와 있지 않으면 그 사이 시럽의 온도는 계속 올라가고 반대로 시럽의 끓는 속도가 더뎌 머랭이 오버 휘핑되면 거칠고 푸석한 머랭이 만들어진다. 이런 머랭으로 만든 마카롱은 코크 모양이 옆으로 퍼지거나 피에 모양이 일정하지 못하다.

5-1
5-2
6
7-1
7-2
7-3
Italian meringue
7-4
8
11

4 이탈리안 머랭으로 대량 코크 만들기

컨벡션오븐(스메그) 2대, 스탠드믹서(스파믹서) 2대 기준
코크 개수 약 300개 | 마카롱 약 150개 분량

페이스트
아몬드파우더 702g
슈거파우더 702g
흰자A 282g

머랭
흰자B 282g
설탕A 78g

시럽
물 216g
설탕B 702g

1 푸드프로세서에 아몬드파우더와 슈거파우더를 넣고 간 뒤 체 친다.
2 믹서볼에 1, 흰자A를 넣은 후 비터로 날가루가 보이지 않는 페이스트 상태를 만든다.
3 냄비에 물과 설탕B를 넣어 시럽을 끓인다.
4 시럽의 온도가 110℃ 정도가 되면 다른 믹서볼에 흰자B를 넣고 80% 정도 거품을 낸 다음 설탕A를 넣고 90% 정도까지 조밀하게 머랭을 올린다.
5 시럽 온도가 118℃가 되면 4의 믹서볼을 따라 시럽을 천천히 흘려 붓는다.
6 시럽을 모두 부은 뒤 40℃ 정도가 될 때까지 고속으로 휘핑하여 머랭을 단단하게 올린다.
7 2에 6의 머랭 1/3을 넣고 비터로 덩어리지지 않도록 저속으로 섞는다.
8 남은 머랭의 1/2을 넣고 비터로 잘 섞는다.
9 나머지 머랭을 전부 넣고 비터로 섞으면서 반죽에서 윤기가 나면 큰 볼로 반죽 전체를 옮긴다.
10 오븐팬에 테프론시트를 깔고 반죽을 짤주머니에 담아 코크를 짠다.
11 랙에 위에서부터 차례대로 넣고 10분 정도 건조시킨다.
12 150℃ 컨벡션오븐에 13분 정도 굽는다. 오븐에 따라 굽는 온도와 시간을 조절한다.
13 구운 뒤 바로 식힘망이나 작업대로 옮겨 완전히 식힌다.

CHEF TIPS

- 시럽의 양이 많아 온도가 오르는 데 시간이 걸리므로 머랭을 만들기 전에 시럽을 먼저 가열하는 것이 좋다.
- 가루류와 흰자를 섞을 때는 주걱으로 믹서볼 바닥까지 잘 확인하며 섞는다.
- 완성된 반죽은 전체적으로 윤기가 나고 주걱으로 반죽을 들어 올렸을 때 끊어지지 않고 무게감 있게 주르륵 흘러내려야 한다. 또, 반죽 위에 떨어졌을 때 바로 사라지거나 쌓이지 않고 자국이 잠깐 남아 있다가 살짝 퍼져야 한다. 반죽이 너무 빠르게 퍼지면 묽은 반죽이기에 팬닝 후에도 많이 퍼지므로 주의한다.
- 일정한 양과 크기로 짠 뒤 태핑했을 때 3㎜ 정도 퍼지며 형태가 유지되면 마카로나주가 잘 된 상태이다. 형태가 유지되지 않고 너무 퍼지면 마카로나주가 오버되어 반죽이 묽어진 것으로 짜기도 어렵고 짠 뒤 코크가 서로 붙을 수 있으니 주의한다.
- 잘 만들어진 반죽은 보통 10분 안에 자연 건조만으로 표면이 마른다. 건조가 다 된 코크는 손가락으로 겉면을 만져 보면 까끌까끌한 얇은 막이 형성되어 있다.

Italian meringue

이탈리안 머랭 응용 코크

초콜릿 코크 만들기

컨벡션오븐(스메그) 1대, 스탠드믹서(키친에이드) 4.5쿼터 1대 기준
코크 개수 약 120~130개 | 마카롱 약 60~65개 분량

초콜릿 페이스트
아몬드파우더 351g
슈거파우더 351g
흰자A 141g
카카오매스 94g

머랭
흰자B 141g
설탕A 39g

시럽
설탕B 351g
물 108g

1 아몬드파우더, 슈거파우더를 푸드프로세서에 갈아 체 친 후 크고 넓은 볼에 옮겨 담는다.
2 흰자A를 넣고 주걱으로 잘 섞는다.
3 믹서볼에 흰자B를 넣고 휘핑한다.
4 휘핑하는 동안 냄비에 설탕B와 물을 넣고 시럽을 끓인다.
5 머랭이 70% 정도 올라오면 설탕A를 넣는다.
6 118℃ 시럽을 믹서볼을 따라 모두 흘려 부은 뒤 50℃ 정도가 될 때까지 고속으로 머랭을 휘핑하여 윤기 나는 머랭을 완성한다.
7 60~65℃로 녹인 카카오매스에 머랭 절반을 넣고 잘 섞은 다음 2에 넣고 고루 섞는다.
8 반죽이 전체적으로 잘 섞이면 나머지 머랭을 넣고 주걱으로 잘 섞는다.
9 윤기가 날 때까지 마카로나주를 한다.
10 오븐팬에 테프론시트를 깔고 반죽을 짤주머니에 담아 코크를 짠다.
11 태핑한 뒤 랙에 위에서부터 차례대로 넣고 10분 정도 건조시킨다.
12 150℃ 컨벡션오븐에 13분 정도 굽는다. 오븐에 따라 굽는 온도와 시간을 조절한다.
13 구운 뒤 바로 식힘망이나 작업대로 옮겨 완전히 식힌다.

실패하기 쉬운 초콜릿 코크의 예

시럽 온도가 정확하지 않거나, 시럽을 끓이고 머랭을 올리는 타이밍을 맞추지 못하면 실패하기 쉽다.

실패한 반죽(좌)와 성공한 반죽(우)

Chocolate Coque

이탈리안 머랭 응용 코크

레드벨벳 코크 만들기

컨벡션오븐(스메그) 1대, 스탠드믹서(키친에이드) 4.5쿼터 1대 기준
코크 개수 약 120~130개 | 마카롱 약 60~65개 분량

페이스트
아몬드파우더 351g
슈거파우더 351g
흰자A 141g
빨강 색소 13g
카카오매스 94g

머랭
흰자B 141g
설탕A 39g

시럽
설탕B 351g
물 108g

1 아몬드파우더, 슈거파우더를 푸드프로세서에 갈아 체 친 후 크고 넓은 볼에 옮겨 담는다.
2 흰자A에 빨강 색소를 푼 다음 1에 넣고 고루 섞는다.
3 믹서볼에 흰자B를 넣고 휘핑한다.
4 휘핑하는 동안 냄비에 설탕B와 물을 넣고 시럽을 끓인다.
5 머랭이 70% 정도 올라오면 설탕A를 넣는다.
6 118℃ 시럽을 믹서볼을 따라 모두 흘려 부은 뒤 50℃ 정도가 될 때까지 고속으로 휘핑해 윤기 나는 머랭을 완성한다.
7 60~65℃로 녹인 카카오매스에 머랭 절반을 넣고 잘 섞은 다음 2에 넣고 고루 섞는다.
8 반죽이 전체적으로 잘 섞이면 나머지 머랭을 넣고 주걱으로 잘 섞는다.
9 윤기가 날 때까지 마카로나주를 한다.
10 오븐팬에 테프론시트를 깔고 반죽을 짤주머니에 담아 코크를 짠다.
11 태핑한 뒤 랙에 위에서부터 차례대로 넣고 10분 정도 건조시킨다.
12 150℃ 컨벡션오븐에 13분 정도 굽는다. 오븐에 따라 굽는 온도와 시간을 조절한다.
13 구운 뒤 바로 식힘망이나 작업대로 옮겨 완전히 식힌다.

CHEF TIPS

- 카카오매스의 온도가 너무 낮으면 머랭과 섞었을 때 굳으므로 온도에 주의한다.
  특히 겨울철에는 반죽의 온도가 떨어져 코크 윗면에 주름이 생기는 원인이 되기도 한다.

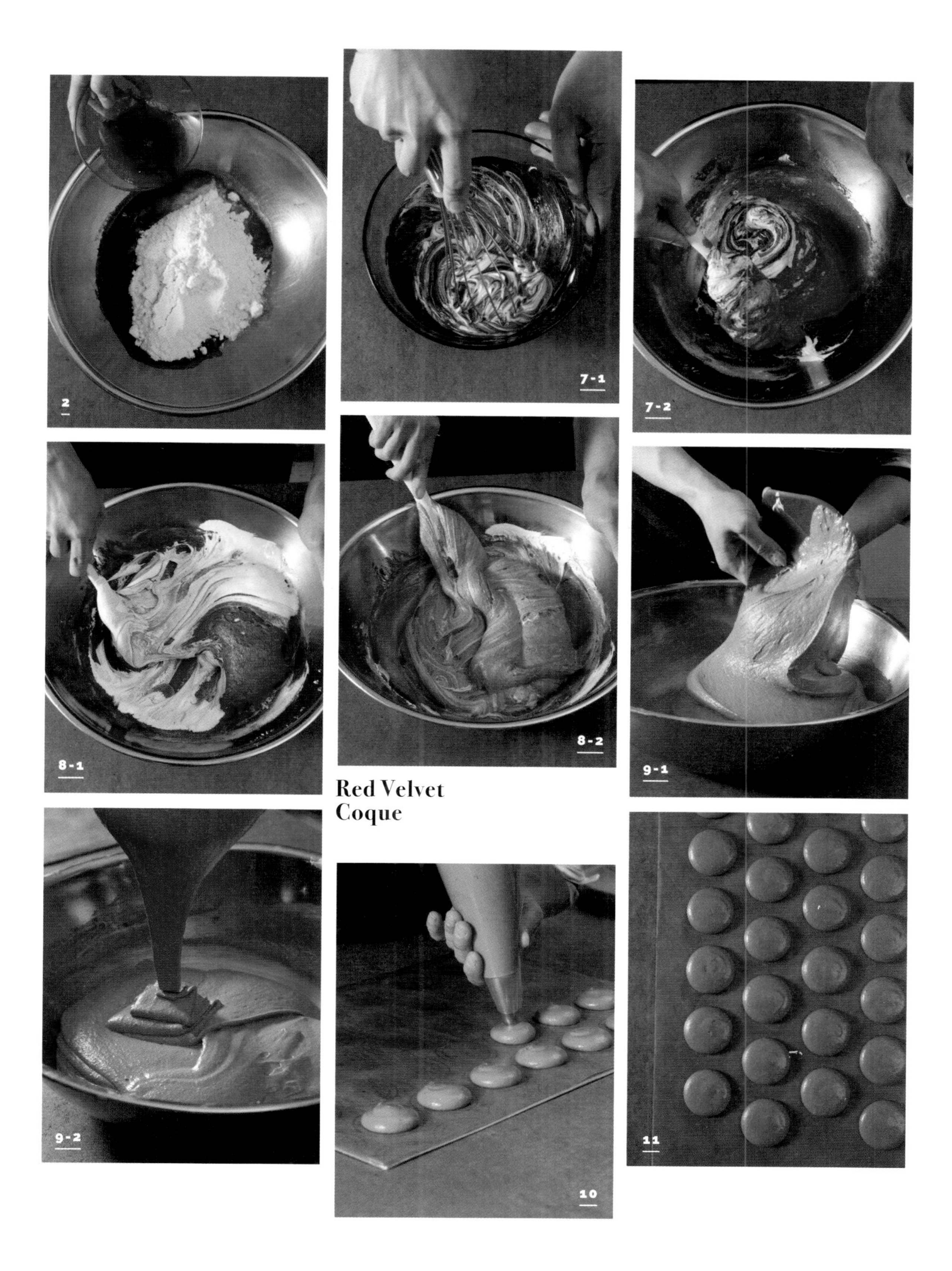

Red Velvet Coque

7

이탈리안 머랭 응용 코크

얼그레이 코크 만들기

컨벡션오븐(스메그) 1대, 스탠드믹서(키친에이드) 4.5쿼터 1대 기준
코크 개수 약 120~130개 | 마카롱 약 60~65개 분량

페이스트
아몬드파우더 351g
슈거파우더 351g
얼그레이 찻잎 10g
흰자A 141g
보라 색소 2g
파랑 색소 1g

머랭
흰자B 141g
설탕A 39g

시럽
설탕B 351g
물 108g

1 푸드프로세서에 아몬드파우더, 슈거파우더, 얼그레이 찻잎을 넣고 갈아 체 친 후 크고 넓은 볼에 옮겨 담는다.
2 흰자A에 두 가지 색소를 푼 다음 1에 넣고 고루 섞는다.
3 믹서볼에 흰자B를 넣고 휘핑한다.
4 휘핑하는 동안 냄비에 설탕B와 물을 넣고 시럽을 끓인다.
5 머랭이 70% 정도 올라오면 설탕A를 넣는다.
6 118℃ 시럽을 믹서볼을 따라 모두 흘려 부은 뒤 45℃ 정도가 될 때까지 고속으로 휘핑해 윤기 나는 머랭을 완성한다.
7 2에 머랭 절반을 넣고 주걱으로 잘 섞는다.
8 반죽이 전체적으로 잘 섞이면 나머지 머랭을 전부 넣고 윤기가 날 때까지 마카로나주를 한다.
9 오븐팬에 테프론시트를 깔고 반죽을 짤주머니에 담아 코크를 짠다.
10 태핑한 뒤 랙에 위에서부터 차례대로 넣고 10분 정도 건조시킨다.
11 150℃ 컨벡션오븐에 13분 정도 굽는다. 오븐에 따라 굽는 온도와 시간을 조절한다.
12 구운 뒤 바로 식힘망이나 작업대로 옮겨 완전히 식힌다.

Earl grey Coque

이탈리안 머랭 응용 코크

메밀 코크 만들기

컨벡션오븐(스메그) 1대, 스탠드믹서(키친에이드) 4.5쿼터 1대 기준
코크 개수 약 36개 I 마카롱 약 18개 분량

구운 통아몬드 125g
슈거파우더 85g
설탕 125g
흰자 65g

1. 푸드프로세서에 구운 통아몬드와 슈거파우더를 넣고 곱게 간다.
2. 설탕을 넣고 계속해서 간다.
3. 내용물의 온도가 55℃가 되었을 때 흰자를 천천히 부으면서 계속 간다.
4. 반죽을 일정한 크기로 짠 다음 건조시킨다.
5. 손에서 묻어 나오지 않을 때까지 건조되면 분무기를 이용해 전체에 물을 뿌린다.
6. 윗면에 슈거파우더를 뿌린 뒤 10분 동안 건조시킨다.
7. 160℃ 오븐에 약 10분 30초 정도 굽는다.
8. 구운 뒤 바로 식힘망이나 작업대로 옮겨 완전히 식힌다.

Buckwheat Coque

FILLING
마카롱 필링 만들기

이 책에서는 크게 버터크림, 가나슈, 크림치즈 3가지 마카롱 필링을 소개한다. 버터크림은 앙글레즈와 파트 아 봉브 2가지로 나뉜다. 제법에 따라, 재료에 따라 맛과 풍미가 달라지는 필링으로 다양한 마카롱을 만들어 보자.

1 앙글레즈 버터크림 만들기

코크 개수 약 120~130개
마카롱 약 60~65개 분량

가볍고 산뜻하면서도 풍미가 깊어 폭넓게 응용되는 크림이다. 앙글레즈 소스는 노른자와 설탕을 섞은 뒤 우유를 넣고 가열해 되직하게 만든 것이다. 여기에 버터와 바닐라 빈을 넣어 기본 크림을 만들거나 과일, 초콜릿, 커피, 리큐어를 더해 맛과 향의 변화를 줄 수도 있다.

우유 105g
설탕A 43g
바닐라 빈 1/2개
(또는 바닐라 페이스트 10g)
노른자 90g
설탕B 48g
버터 345g

1 냄비에 우유, 설탕A, 바닐라 빈의 씨와 깍지를 넣고 50℃로 데운다.
2 볼에 노른자와 설탕B를 넣고 거품기로 섞어 뽀얗게 거품을 낸다.
3 1의 데운 우유를 2에 넣고 거품기로 잘 섞은 뒤 체에 걸러 다시 냄비에 넣는다.
4 거품기로 잘 저으면서 중약불로 83℃까지 가열하여 앙글레즈 소스를 만든다.
5 다시 한 번 체에 거른 뒤 얼음볼 위에 올려 22~25℃까지 식힌다.
6 믹서볼에 실온 상태의 부드러운 버터를 넣고 거품기로 푼 다음 식힌 5의 앙글레즈 소스를 두 번에 나눠 넣으며 휘핑한다.

CHEF TIPS

- 설탕을 우유에 일부 나눠 넣으면 우유의 끓는점이 높아져서 끓어 넘치는 것을 방지할 수 있다.
- 노른자에 설탕을 넣고 뽀얗게 공기층을 만들면 뜨거운 우유를 부었을 때 쉽게 익지 않는다.
- 앙글레즈 소스를 식힐 때 핸드믹서로 공기를 많이 주입하면 가벼운 식감의 버터크림이 된다. 묵직한 식감의 크림을 만들려면 얼음 볼 위에서 휘핑하지 않고 식힌다.
- 버터와 앙글레즈 소스를 섞을 때는 22℃ 전후로 온도를 맞추는 것이 중요하다. 앙글레즈 소스가 너무 뜨거우면 버터가 녹고, 너무 차가우면 순두부처럼 몽글몽글 분리된다. 만약 분리된 경우 35~40℃의 중탕볼 위에 올려 온도를 맞춘 뒤 휘핑하면 부드러운 크림 상태로 회복된다.
- 버터크림은 냉장 3~5일, 냉동 4~6주까지 보관이 가능하며 미리 만들어 냉동 보관해 사용할 수 있으므로 대량 생산에 용이하다.
- 보관할 때는 반드시 랩으로 밀봉하고 온도 변화가 크면 빨리 상할 수 있으니 재냉동, 재해동은 하지 않는다.
- 냉동한 크림은 냉장고에서 서서히 해동시키는 것이 좋으며 원래의 질감을 균일하게 살리기 위해 온도를 잘 맞춘 뒤 전체를 다시 휘핑해서 사용하는 것이 좋다.

Anglaise butter cream

TION

리얼 바닐라 마카롱

REAL VANILLA MACARON

/ VARIATION /

가장 기본이 되는 마카롱이다. 앙글레즈로 만든 버터크림이 부드러우면서도 입안에서 사르르 녹아 바닐라의 풍부한 맛이 그대로 전해진다. 차갑게 먹으면 아이스크림처럼 겉은 쫄깃하면서 부드럽고, 실온에 두었다 먹으면 묵직한 바닐라 향을 느낄 수 있다. 대중들이 가장 사랑하는 마카롱이다.

분량
약 60~65개 분량

이탈리안 머랭 기본 코크
앙글레즈 버터크림 필링

바닐라 코크

페이스트
아몬드파우더 351g
슈거파우더 351g
흰자A 141g

머랭
흰자B 141g
설탕A 39g

시럽
물 108g
설탕B 351g

바닐라 버터크림 필링
우유 105g
설탕A 43g
바닐라 빈 1/2개
(혹은 바닐라 페이스트 10g)
노른자 90g
설탕B 48g
버터 345g

Real vanilla macaron

리얼 바닐라 마카롱

Coque
바닐라 코크

1 이탈리안 머랭 기본 코크 만들기(p.48)를 참조해 만든다.

Filling
바닐라 버터크림 필링

1 냄비에 우유, 설탕A, 바닐라 빈을 넣고 50℃로 데운다.
2 볼에 노른자와 설탕B를 넣고 거품기로 섞어 뽀얗게 거품을 낸다.
3 데운 우유를 노른자 볼에 넣고 거품기로 잘 섞은 뒤 체에 거른다.
4 다시 1의 냄비에 넣고 거품기로 잘 저으며 중약불로 83~85℃까지 가열하여 앙글레즈 소스를 만든다.
5 앙글레즈 소스를 다시 한 번 체에 거른 뒤 얼음볼 위에 올려 22~25℃로 식힌다.
6 믹서볼에 실온 상태의 부드러운 버터를 넣고 푼 다음 식힌 앙글레즈 소스를 두 번에 나눠 넣으며 휘핑한다.

Finish
마무리

1 완전히 식힌 코크를 2장씩 짝을 맞춘 뒤 1장은 구운 바닥면이 보이게 뒤집는다.
2 지름 1㎝ 원형깍지를 끼운 짤주머니에 바닐라 버터크림 필링을 담고 1의 코크 위에 볼륨감 있게 짠다.
3 다른 1장의 코크를 지긋이 누르듯이 덮어 완성한다.

CHEF TIPS

- 노른자로 만든 앙글레즈 소스는 세균 번식의 위험이 있으므로 제조 후 얼음물 위에서 빠르게 냉각시켜야 한다.
- 럼, 쿠앵트로, 그랑마니에르, 키르쉬, 생제임스 등의 리큐어를 사용해 향과 풍미를 추가해도 좋다.
- 완성된 앙글레즈 소스를 50℃ 이하로 식힌 다음 바로 믹서기에서 휘핑해 보자. 공기 포집이 빠르게 되어 보다 가벼운 식감의 버터크림 필링을 만들 수 있다.

말차 밤 마카롱

Coque
말차&밤 코크

1 이탈리안 머랭 기본 코크 만들기(p.48)를 참조해 말차 코크를 만든다. 말차가루는 아몬드파우더, 슈거파우더와 함께 체 친다.
2 이탈리안 머랭 기본 코크 만들기(p.48)를 참조해 밤색 코크를 만든다.

Filling
말차 버터크림 필링

1 p.85를 참조해 말차 버터크림 필링을 만든다.

–

Filling
밤 버터크림 필링

1 밤페이스트를 랩으로 싸서 전자레인지로 따뜻하게 데운다. 밤페이스트는 공기와 닿으면 표면이 마르기 때문에 랩으로 싸거나 용기로 덮어 데우는 것이 좋다.
2 우유에 럼을 넣고 40℃로 데운다.
3 믹서볼에 데운 밤페이스트를 넣고 가볍게 푼다.
4 밤페이스트에 럼과 함께 데운 우유를 조금씩 넣으며 덩어리지지 않게 잘 섞는다.
5 실온 상태의 부드러운 버터를 넣고 잘 섞는다.

Finish
마무리

1 완전히 식힌 코크를 2장씩 짝을 맞춘 뒤 1장은 구운 바닥면이 보이게 뒤집는다.
2 별 모양깍지를 끼운 짤주머니에 말차 버터크림 필링을 담고 1의 코크 위에 링 모양으로 짠다.
3 가운데 밤 버터크림 필링을 짜고 다른 1장의 코크를 지긋이 누르듯이 덮어 완성한다.

CHEF TIPS

• 밤페이스트는 덩어리져 잘 풀어지지 않으므로 부드러운 필링을 만들기 위해서는 전자레인지에 35~40℃로 데운 뒤 믹서기에 넣고 잘 풀어 사용해야 한다.

쑥 마카롱

MUGWORT MARCARON

기본 바닐라 버터크림에 쑥가루를 넣은 쑥 마카롱은 봄은 물론 다른 계절에도 환영받는 특색 있는 메뉴이다. 쌉싸래한 맛의 쑥가루는 버터크림과 만나 쓴맛은 줄어 들고 쑥향은 더 진해진다.

분량
약 60~65개 분량

이탈리안 머랭 기본 코크
앙글레즈 버터크림 필링

쑥 코크

페이스트
아몬드파우더 351g
슈거파우더 351g
흰자A 141g

머랭
흰자B 141g
설탕A 39g

시럽
물 108g
설탕B 351g

색상
검정 색소 2g
초록 색소 2g

쑥 버터크림 필링
바닐라 버터크림 450g
(p.77 참조)
쑥가루 22g

Filling 2

3-1

Mugwort Marcaron

3-2

3-3

쑥
마카롱

Coque
쑥 코크

1 이탈리안 머랭 기본 코크 만들기(p.48)를 참조해 만든다.

Filling
쑥 버터크림 필링

1 p.77을 참조해 바닐라 버터크림을 만든다.
2 바닐라 버터크림의 온도를 22~25℃로 맞춰 부드럽게 푼다.
3 체 친 쑥가루를 넣고 덩어리지지 않게 섞는다.

Finish
마무리

1 완전히 식힌 코크를 2장씩 짝을 맞춘 뒤 1장은 구운 바닥면이 보이게 뒤집는다.
2 지름 1㎝ 원형깍지를 끼운 짤주머니에 쑥 버터크림 필링을 담고 1의 코크 위에 볼륨감 있게 짠다.
3 다른 1장의 코크를 지긋이 누르듯이 덮어 완성한다.

CHEF TIPS

- 쑥가루는 크림과 섞으면 덩어리가 많이 생기므로 사용하기 전에 반드시 체를 친다. 체 치고 남은 덩어리는 사용하지 않도록 한다.

단호박 마카롱

PUMPKIN MACARON

가을에 잘 어울리는 단호박 마카롱.
단호박가루만으로도 풍성한 가을의 맛을 표현할 수 있다. 시즌메뉴로 활용하기도 하고 핼러윈 등 이벤트 메뉴로 쓰기도 좋다.

분량
약 60~65개 분량

이탈리안 머랭 기본 코크
앙글레즈 버터크림 필링

단호박 코크

페이스트
아몬드파우더 351g
슈거파우더 351g
흰자A 141g

머랭
흰자B 141g
설탕A 39g

시럽
물 108g
설탕B 351g

색상
검정 색소 2g
초록 색소 2g

노랑 색소 2g
주황 색소 2g

단호박 버터크림 필링
바닐라 버터크림 450g
(p.77 참조)
단호박가루 40g

Filling 2

3-1

Pumpkin Macaron

3-2

Finish 1

2

3

단호박
마카롱

Coque
단호박 코크

1 이탈리안 머랭 기본 코크 만들기(p.48)를 참조해 반죽을 만든다.
2 반죽을 반으로 나눠 검정+초록, 노랑+주황 색소를 각각 섞은 뒤 두 종류의 코크를 만든다.

Filling
단호박 버터크림 필링

1 p.77을 참조해 바닐라 버터크림을 만든다.
2 바닐라 버터크림의 온도를 22~25℃로 맞춰 부드럽게 푼다.
3 체 친 단호박가루를 넣고 덩어리지지 않게 섞는다.

Finish
마무리

1 완전히 식힌 코크를 2장씩 짝을 맞춘 뒤 1장은 구운 바닥면이 보이게 뒤집는다.
2 지름 1㎝ 원형깍지를 끼운 짤주머니에 단호박 버터크림 필링을 담고 1의 코크 위에 볼륨감 있게 짠다.
3 다른 1장의 코크를 지긋이 누르듯이 덮어 완성한다.

- 삶은 단호박을 사용할 경우 오븐에 구워 수분을 날린 다음 사용하는 것이 좋다.

Lotus

로투스 마카롱

LOTUS BISCOTTI MACARON

커피의 단짝 친구인 벨기에 로투스 쿠키 맛을 낸 마카롱이다. 시판용 로투스잼은 부드러운 오리지널과 크런치 두 가지가 있는데 씹는 식감을 선호한다면 크런치잼을 사용해 보자. 오리지널 로투스잼에 로투스 쿠키를 약간 부수어 넣어도 좋다.

/ VARIATION /

분량
약 60~65개 분량

이탈리안 머랭 기본 코크
마블 모양 짜기
앙글레즈 버터크림 필링

로투스 코크

페이스트
아몬드파우더 351g
슈거파우더 351g
흰자A 141g

머랭
흰자B 141g
설탕A 39g

시럽
물 108g
설탕B 351g

색상
갈색 색소 2g

로투스 버터크림 필링
바닐라 버터크림 450g
(p.77 참조)
로투스잼 27g

3-2

Lotus biscotti Macaron

로투스 마카롱

Coque
로투스 코크

1 이탈리안 머랭 기본 코크 만들기(p.48)를 참조해 만든다.
2 반죽 일부를 덜어 갈색 색소를 섞은 후 마블 모양으로 짜기 (p.37 응용 2)를 참조해 마블 모양의 코크를 만든다.

Filling
로투스 버터크림 필링

1 p.77을 참조해 바닐라 버터크림을 만든다.
2 바닐라 버터크림의 온도를 22~25℃로 맞춰 부드럽게 푼다.
3 로투스잼을 넣고 주걱으로 잘 섞는다.

Finish
마무리

1 완전히 식힌 코크를 2장씩 짝을 맞춘 뒤 1장은 구운 바닥면이 보이게 뒤집는다.
2 지름 1㎝ 원형깍지를 끼운 짤주머니에 로투스 버터크림 필링을 담고 1의 코크 위에 볼륨감 있게 짠다.
3 다른 1장의 코크를 지긋이 누르듯이 덮어 완성한다.

• 시중에 판매되는 로투스 크럼을 크림에 넣으면 경쾌한 식감을 낼 수 있다.

체리 마카롱

CHERRY MACARON

/VARIATION/

체리는 딸기와 마찬가지로 호불호가 없는 대중적인 과일 중 하나이다. 잼을 단독으로 사용하면 당도가 높지만 버터크림과 섞으면 덜 달고 풍부한 맛을 표현할 수 있다. 버터크림을 도넛 모양으로 짠 뒤 가운데 잼을 짜면 상큼하고 새콤한 맛도 첨가할 수 있다.

분량
약 60~65개 분량

이탈리안 머랭 기본 코크
파트 아 봉브 버터크림 필링

체리 코크

페이스트
아몬드파우더 351g
슈거파우더 351g
흰자A 141g

머랭
흰자B 141g
설탕A 39g

시럽
물 108g
설탕B 351g

색상
빨강 색소 4g
초록 색소 4g

체리잼
체리 퓌레 227g
라임 퓌레 31g
설탕A 30g
펙틴 2g
설탕B 14g
옥수수전분 7g
젤라틴매스 15g
버터 50g

체리 버터크림 필링
파트 아 봉브 버터크림 364g
(p.64 참조)
체리잼 80g

Jam 2

3

4

Cherry macaron

5

Filling 3-1

3-2

체리 마카롱

Coque
체리 코크

1. 이탈리안 머랭 기본 코크 만들기(p.48)를 참조해 반죽을 만든다.
2. 반죽을 반으로 나눠 빨강, 초록 색소를 각각 섞은 뒤 두 종류의 코크를 만든다.

Jam
체리잼

1. 냄비에 체리 퓌레, 라임 퓌레, 설탕A를 넣고 가열한다.
2. 가장자리가 끓기 시작하면 함께 계량해 둔 펙틴, 설탕B, 옥수수전분을 섞고 완전히 호화시킨다. 되직하고 윤기가 나기 시작하면 불에서 내린다.
3. 잼 상태를 확인한다. 차가운 접시에 떨어뜨려 흐르지 않고 젤 상태를 유지하면 완성이다.
4. 한 김 식으면 젤라틴매스를 넣고 섞는다.
5. 35℃까지 식힌 뒤 실온 상태의 부드러운 버터를 넣고 핸드블렌더로 매끈하게 섞는다.
6. 트레이에 펼쳐 식힌다.

–

Filling
체리 버터크림 필링

1. p.64를 참조해 파트 아 봉브 버터크림을 만든다.
2. 파트 아 봉브 버터크림의 온도를 22~25℃ 정도로 맞추어 부드럽게 푼다.
3. 부드럽게 푼 체리잼을 넣고 주걱으로 잘 섞는다.

Finish
마무리

1. 완전히 식힌 코크를 2장씩 짝을 맞춘 뒤 1장은 구운 바닥면이 보이게 뒤집는다.
2. 지름 1㎝ 원형깍지를 끼운 짤주머니에 체리 버터크림 필링을 담고 1의 코크 위에 볼륨감 있게 짠다.
3. 다른 1장의 코크를 지긋이 누르듯이 덮어 완성한다.

CHEF TIPS

- 과일잼을 만들 때 주로 펙틴을 사용하는데, 펙틴을 단독으로 사용하면 액체와 만났을 때 덩어리지기 쉽다. 이때 분산제 역할을 하는 설탕을 섞어 45℃ 전후에 투입하면 이러한 현상이 적다.

구아바 마카롱

GUAVA MACARON

구아바는 생소한 과일이지만 향긋하고 달콤해 아주 친근하게 다가오는 맛이다. 생과는 국내에서 구하기 어렵지만 시판 퓌레를 사용하면 충분히 이국적인 마카롱 필링을 만들 수 있다.

분량
약 60~65개 분량

이탈리안 머랭 기본 코크
파트 아 봉브 버터크림 필링

구아바 코크

페이스트
아몬드파우더 351g
슈거파우더 351g
흰자A 141g

머랭
흰자B 141g
설탕A 39g

시럽
물 108g
설탕B 351g

색상
갈색 색소 4g

구아바잼
구아바 퓌레 250g
설탕A 100g
펙틴 2g
설탕B 15g

구아바 버터크림 필링
파트 아 봉브 버터크림 270g
(p.64 참조)
구아바잼 180g

Guava Macaron

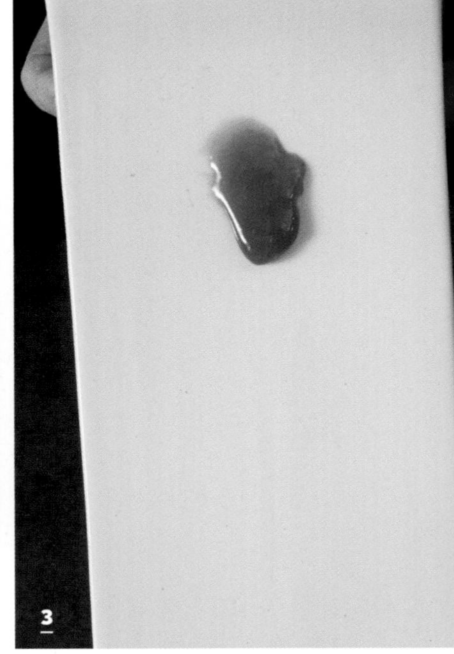

구아바 마카롱

Coque
구아바 코크

1 이탈리안 머랭 기본 코크 만들기(p.48)를 참조해 만든다.

Jam
구아바잼

1 냄비에 구아바 퓌레와 설탕A를 넣고 가열한다.
2 가장자리가 끓기 시작하면 함께 계량해 둔 펙틴과 설탕B를 넣고 끓인다.
3 잼 상태를 확인한다. 차가운 접시에 떨어뜨려 흐르지 않고 젤 상태를 유지하면 완성이다.
4 트레이에 펼쳐 식힌다.

–

Filling
구아바 버터크림 필링

1 p.64를 참조해 파트 아 봉브 버터크림을 만든다.
2 파트 아 봉브 버터크림의 온도를 22~25℃ 정도로 맞추어 부드럽게 푼다.
3 부드럽게 푼 구아바잼을 넣고 주걱으로 잘 섞는다.

Finish
마무리

1 완전히 식힌 코크를 2장씩 짝을 맞춘 뒤 1장은 구운 바닥면이 보이게 뒤집는다.
2 지름 1㎝ 원형깍지를 끼운 짤주머니에 구아바 버터크림 필링을 담고 1의 코크 위에 볼륨감 있게 짠다.
3 다른 1장의 코크를 지긋이 누르듯이 덮어 완성한다.

CHEF TIPS

- 과일잼을 만들 때 주로 펙틴을 사용하는데, 펙틴을 단독으로 사용하면 액체와 만났을 때 덩어리지기 쉽다. 이때 분산제 역할을 하는 설탕을 섞어 45℃ 전후에 투입하면 이러한 현상이 적다.
- 구아바 퓌레는 되직하기 때문에 사용하기 전 완전히 풀어서 섞어야 덩어리지지 않는다.
- 구아바잼은 단독으로 사용해도 마카롱 필링으로 충분히 활용이 가능하다. 버터크림과 함께 사용하면 구아바의 맛을 배가시킬 수 있다.

산딸기 마카롱

RASPBERRY MACARON

산딸기 마카롱은 누구나 좋아하는 색과 맛을 지녀 메뉴에 꼭 넣어야 할 마카롱이다. 퓌레를 사용해도 좋지만 냉동 산딸기를 사용하면 입 안에서 오도독 씹혀 재미있는 식감을 더할 수 있다.

분량
약 60~65개 분량

이탈리안 머랭 기본 코크
파트 아 봉브 버터크림 필링

산딸기 코크

페이스트
아몬드파우더 351g
슈거파우더 351g
흰자A 141g

머랭
흰자B 141g
설탕A 39g

시럽
물 108g
설탕B 351g

색상
빨강 색소 2g

산딸기잼
냉동 산딸기(홀) 130g
설탕A 45g
물엿 26g
물 11g
펙틴 4g
설탕B 33g
레몬즙 7g

산딸기 버터크림 필링
파트 아 봉브 버터크림 270g
(p.64 참조)
산딸기잼 135g

Jam 3-1

3-2

4

Raspberry macaron

5

Filling 3-1

3-2

산딸기 마카롱

Coque
산딸기 코크

1. 이탈리안 머랭 기본 코크 만들기(p.48)를 참조해 만든다.

Jam
산딸기잼

1. 작업 하루 전 냉동 산딸기, 설탕A, 물엿, 물을 함께 계량해 냉장고에서 자연 해동시킨다.
2. 해동시킨 재료를 모두 냄비에 넣고 가열한다.
3. 가장자리가 끓기 시작하면 함께 계량해 둔 펙틴과 설탕B를 넣고 덩어리지지 않도록 거품기로 잘 섞으며 끓인다.
4. 잼 상태를 확인한다. 차가운 접시에 떨어뜨렸을 때 흐르지 않고 젤 상태를 유지하면 완성이다.
5. 레몬즙을 섞은 뒤 트레이에 펼쳐 완전히 식힌다.

Filling
산딸기 버터크림 필링

-

1. p.64를 참조해 파트 아 봉브 버터크림을 만든다.
2. 파트 아 봉브 버터크림의 온도를 22~25℃ 정도로 맞추어 부드럽게 푼다.
3. 부드럽게 푼 산딸기잼을 넣고 주걱으로 잘 섞는다.

Finish
마무리

1. 완전히 식힌 코크를 2장씩 짝을 맞춘 뒤 1장은 구운 바닥면이 보이게 뒤집는다.
2. 지름 1㎝ 원형깍지를 끼운 짤주머니에 산딸기 버터크림 필링을 담고 1의 코크 위에 볼륨감 있게 짠다.
3. 다른 1장의 코크를 지긋이 누르듯이 덮어 완성한다.

CHEF TIPS

- 냉동 산딸기는 동량의 산딸기 퓌레로 대체 가능하다. 그러나 냉동 산딸기를 사용하면 산딸기 퓌레를 사용했을 때보다 색감도 좋고 씨가 씹혀 식감도 좋다.
- 산딸기잼을 미리 잘 푼 다음 버터크림과 섞어야 덩어리지지 않으며 잼과 버터크림의 온도가 서로 비슷해야 분리되지 않는다. 20℃ 전후로 온도를 맞추면 수월하다.

딸기 바닐라 마카롱

STRAWBERRY VANILLA MACARON

딸기는 남녀노소 모두에게 사랑받는 과일로 대중적인 선호도가 높다. 딸기에 바닐라 버터크림을 더해 부드럽고 상큼한 베스트셀링 마카롱을 만들어 보자.

분량
약 60~65개 분량

이탈리안 머랭 기본 코크
파트 아 봉브 버터크림 필링

딸기&민트 코크

페이스트
아몬드파우더 351g
슈거파우더 351g
흰자A 141g

머랭
흰자B 141g
설탕A 39g

시럽
물 108g
설탕B 351g

색상
빨강 색소 0.5g

파랑 색소 1g

딸기잼
냉동 딸기(홀) 100g
딸기 퓌레 100g
설탕A 55g
물엿 30g
펙틴 6g
설탕B 45g
레몬즙 10g

딸기 버터크림 필링
파트 아 봉브 버터크림 300g
(p.64 참조)
딸기잼 150g

Jam 1

3

4

Strawberry vanilla macaron

5

Filling 3-1

3-2

딸기 바닐라 마카롱

Coque
딸기&민트 코크

1 이탈리안 머랭 기본 코크 만들기(p.48)를 참조해 반죽을 만든다.
2 반죽을 반으로 나눠 빨강, 파랑 색소를 각각 섞은 뒤 두 종류의 코크를 만든다.

Jam
딸기잼

1 작업 전에 냉동 딸기, 딸기 퓌레, 설탕A, 물엿을 함께 계량하여 냉장고에서 자연 해동시킨다.
2 해동시킨 재료를 모두 냄비에 넣고 가열한다.
3 끓기 시작하면 함께 계량한 펙틴과 설탕B를 넣고 덩어리지지 않도록 거품기로 잘 섞으며 끓인다. 펙틴만 단독으로 사용하면 덩어리지기 쉬우므로 분산제 역할을 하는 설탕을 꼭 함께 넣는다. 또한 액체가 끓을 때 펙틴을 넣어야 한다.
4 잼 상태를 확인한다. 차가운 접시에 떨어뜨려 흐르지 않고 젤 상태를 유지하면 완성이다.
5 레몬즙을 넣고 트레이에 펼쳐 완전히 식힌다.

–

Filling
딸기 버터크림 필링

1 p.64를 참조해 파트 아 봉브 버터크림을 만든다.
2 파트 아 봉브 버터크림의 온도를 22~25℃ 정도로 맞추어 부드럽게 푼다.
3 부드럽게 푼 딸기잼을 넣고 주걱으로 잘 섞는다.

Finish
마무리

1 완전히 식힌 코크를 2장씩 짝을 맞춘 뒤 1장은 구운 바닥면이 보이게 뒤집는다.
2 지름 1㎝ 원형깍지를 끼운 짤주머니에 딸기 버터크림 필링을 담고 1의 코크 위에 볼륨감 있게 짠다.
3 다른 1장의 코크를 지긋이 누르듯이 덮어 완성한다.

CHEF TIPS

- 냉동 딸기가 없으면 동량의 딸기 퓌레로 대체할 수 있지만, 과육의 씹히는 식감을 위해 냉동 딸기를 함께 사용하는 것이 좋다.
- 딸기잼을 미리 잘 푼 다음 버터크림과 섞어야 덩어리지지 않으며 잼과 버터크림의 온도가 서로 비슷해야 분리되지 않는다. 20℃ 전후로 온도를 맞추면 수월하다.
- 딸기 버터크림을 만들어 채워도 좋고 바닐라 버터크림을 테두리에 링 모양으로 짜고 가운데 딸기잼을 짜도 좋다. 딸기 버터크림은 버터크림의 부드러운 맛과 딸기잼의 새콤달콤함이 잘 어우러져 좋고, 딸기잼을 따로 짜면 맛을 더 선명하게 느낄 수 있다.

솔티 캐러멜 마카롱

SALTED CARAMEL MACARON

오너스그램의 솔티 캐러멜 마카롱은 달고 짭짤한 캐러멜과 버터크림 필링이 매력적으로 어우러져 베스트 메뉴로 손꼽힌다. 프로 마카롱 클래스에서도 빼놓을 수 없는 아이템이다.

분량
약 60~65개 분량

이탈리안 머랭 기본 코크
버터크림 필링

솔티 캐러멜 코크

페이스트
아몬드파우더 351g
슈거파우더 351g
흰자A 141g

머랭
흰자B 141g
설탕A 39g

시럽
물 108g
설탕B 351g

색상
커피 엑스트랙트 2g
갈색 색소 1g

솔티 캐러멜 버터크림 필링
물 36g
설탕 140g
생크림 140g
소금 2g
버터 140g

Salted caramel macaron

솔티 캐러멜 마카롱

Coque
솔티 캐러멜 코크

1 이탈리안 머랭 기본 코크 만들기(p.48)를 참조해 만든다. 커피 엑스트랙트는 흰자A에 섞는다.

Filling
솔티 캐러멜 버터크림 필링

1 냄비에 물과 설탕을 넣고 가열한다. 설탕이 완전히 녹아 시럽 상태가 되었다가 끓으면서 물이 증발되고 점점 짙은 캐러멜색으로 변한다.
2 시럽을 끓이는 동시에 다른 냄비에 생크림과 소금을 넣고 가장자리에 기포가 생기며 끓기 시작할 때까지 가열한다.
3 적당한 캐러멜 색이 나면 불을 끄고 가열한 생크림을 조금씩 부으며 주걱으로 잘 섞는다.
4 생크림을 전부 넣고 잘 섞은 뒤 다시 가열하여 108℃까지 끓인다.
5 상태를 확인한다. 차가운 접시에 떨어뜨렸을 때 천천히 흐르다 멈추는 농도가 되면 완성이다.
6 완성된 캐러멜을 볼로 옮기고 얼음볼을 받쳐 25℃까지 식힌다.
7 믹서볼에 실온 상태의 버터를 넣고 22~25℃의 온도에 맞춰 부드럽게 푼 뒤 식힌 캐러멜 소스를 조금씩 넣으며 완전히 섞는다.

Finish
마무리

1 완전히 식힌 코크를 2장씩 짝을 맞춘 뒤 1장은 구운 바닥면이 보이게 뒤집는다.
2 지름 1㎝ 원형깍지를 끼운 짤주머니에 솔티 캐러멜 버터크림 필링을 담고 1의 코크 위에 볼륨감 있게 짠다.
3 다른 1장의 코크를 지긋이 누르듯이 덮어 완성한다.

CHEF TIPS

- 노른자가 들어가지 않기 때문에 다른 크림보다 보관 및 유통에 유리하다.
- 백설탕, 갈색설탕, 흑설탕 등 설탕 종류에 따라 캐러멜 맛에 차이가 있지만 제품을 생산할 때는 캐러멜의 맛과 향, 색을 일정하게 낼 수 있는 백설탕을 사용한다.
- 캐러멜 맛의 중요한 포인트는 단맛과 쓴맛의 밸런스이다. 진한 색을 내기 위해 캐러멜을 너무 많이 태우면 쓴맛이 강해지고, 덜 태우면 단맛이 많이 나기 때문에 태우는 정도를 잘 조절해야 한다.
- 캐러멜에 끓인 생크림을 적당한 타이밍에 넣을 수 있도록 냄비 2개를 나란히 붙여 작업한다.
- 캐러멜 시럽에 차가운 생크림을 넣으면 캐러멜이 사방으로 튀어 위험하므로 반드시 뜨겁게 데운 생크림을 넣고, 데운 생크림이라도 많은 양을 한꺼번에 넣으면 온도 차이로 인해 부글부글 끓어 넘치니 주의한다.
- 대량으로 만들 때는 넓고 깊은 넉넉한 사이즈의 냄비를 선택하여 캐러멜이 끓어 넘치지 않도록 한다.

얼그레이 캐러멜 마카롱

EARL GREY CARAMEL MACARON

/ VARIATION /

코크에는 얼그레이 가루를 넣어 은은한 향을 더하고 필링에는 홍차맛 캐러멜을 섞어 고급스러운 맛을 살렸다. 우유에 홍차의 맛과 향을 잘 우려내는 것이 얼그레이 캐러멜 마카롱의 맛을 잡는 키포인트이다.

분량
약 60~65개 분량

이탈리안 머랭 얼그레이 코크
버터크림 필링

얼그레이 코크

얼그레이 페이스트
아몬드파우더 351g
슈거파우더 351g
얼그레이 찻잎 10g
흰자A 141g

머랭
흰자B 141g
설탕A 39g

시럽
물 108g
설탕B 351g

색상
보라 색소 2g

얼그레이 캐러멜 버터크림 필링
우유 54g
얼그레이 찻잎 9g
설탕 117g
물 36g
생크림 117g
버터 117g

5

Earl grey caramel macaron

얼그레이 캐러멜 마카롱

Coque
얼그레이 코크

1 이탈리안 머랭 얼그레이 코크 만들기(p.58)를 참조해 만든다.

Filling
얼그레이 캐러멜 버터크림 필링

1 작업 하루 전날 우유에 얼그레이 찻잎을 넣고 냉장고에서 밤새 향을 우린다. 또는 우유와 찻잎을 함께 데운 뒤 랩을 씌우고 5분 정도 향을 우려도 좋다.
2 찻잎을 체에 거른 뒤 홍차 잎이 흡수해서 줄어든 우유를 추가해 60g으로 맞춘다 (10배 대량 생산의 경우 600g에 맞춘다).
3 냄비에 설탕과 물을 넣고 가열하여 캐러멜을 만든다.
4 동시에 2와 생크림을 다른 냄비에 넣고 가장자리에 약간의 기포가 생겨 끓기 시작할 때까지 가열한다.
5 원하는 캐러멜색이 나면 가열을 중단하고 데운 홍차 우유를 조금씩 부으며 잘 섞어 캐러멜소스를 만든다.
6 5를 다시 가열하여 108℃까지 끓인다. 차가운 접시에 떨어뜨렸을 때 천천히 흐르다 멈추는 농도가 되면 완성이다.
7 완성된 캐러멜을 볼에 옮기고 얼음볼 위에 올려 25℃까지 식힌다.
8 믹서볼에 실온 상태의 버터를 넣고 22~25℃의 온도에 맞춰 부드럽게 푼 다음 식힌 캐러멜 소스를 조금씩 넣으며 완전히 섞는다.

Finish
마무리

1 완전히 식힌 코크를 2장씩 짝을 맞춘 뒤 1장은 구운 바닥면이 보이게 뒤집는다.
2 지름 1㎝ 원형깍지를 끼운 짤주머니에 얼그레이 캐러멜 버터크림 필링을 담고 1의 코크 위에 볼륨감 있게 짠다.
3 다른 1장의 코크를 지긋이 누르듯이 덮어 완성한다.

CHEF TIPS

- 사용하기 전날 찻잎을 12시간 냉침한 뒤 체에 거르면 작업 속도가 빨라 대량 생산에 유리하다.
- 다양한 차를 이용하여 여러 가지 맛의 독특한 마카롱으로 변화를 줄 수 있다.
- 체에 거를 때 찻잎을 너무 누르면 쓴맛이 많이 나므로 주의한다.

피스타치오 마카롱

PISTACHIO MACARON

고소하면서도 깔끔한 맛의 피스타치오 마카롱은 산뜻한 색상과 특별한 향으로 사랑받는 메뉴이다. 피스타치오 페이스트를 사용한 필링은 기본 단가가 높아 부담스러울 수 있으나, 달걀을 넣은 버터크림보다 공정이 간단하고 유통기한도 길기 때문에 활용하기 좋다.

분량
약 60~65개 분량

이탈리안 머랭 기본 코크
버터크림 필링

피스타치오 코크

페이스트
아몬드파우더 351g
슈거파우더 351g
흰자A 141g

머랭
흰자B 141g
설탕A 39g

시럽
물 108g
설탕B 351g

색상
검정 색소 3g
노랑 색소 7g

산딸기잼
650g(p.113 참조)

피스타치오 버터크림 필링
버터 172g
슈거파우더 112g
피스타치오 페이스트 61g
아몬드파우더 69g
피스타치오 분태 45g

Filling 1

4-1

4-2

Pistachio macaron

Finish 1

3-1

3-2

피스타치오 마카롱

Coque
피스타치오 코크

1 이탈리안 머랭 기본 코크 만들기(p.48)를 참조해 만든다.

Jam
산딸기잼

1 p.113을 참조해 산딸기잼을 만든다.

–

Filling
피스타치오 버터크림 필링

1 믹서볼에 실온 상태의 버터를 넣고 22~25℃의 온도에 맞춰 부드럽게 푼다.
2 슈거파우더를 넣고 뽀얗게 될 때까지 거품기를 이용하여 중속으로 휘핑한다.
3 1에 피스타치오 페이스트를 넣고 휘핑한다.
4 아몬드파우더와 피스타치오 분태를 순서대로 넣고 휘핑해서 완성한다.

Finish
마무리

1 완전히 식힌 코크를 2장씩 짝을 맞춘 뒤 1장은 구운 바닥면이 보이게 뒤집는다.
2 지름 1㎝ 원형깍지를 끼운 짤주머니에 피스타치오 버터크림 필링을 담고 1의 코크 위에 링 모양으로 짠다.
3 가운데 산딸기잼을 짜고 다른 1장의 코크를 지긋이 누르듯이 덮어 완성한다.

CHEF TIPS

- 피스타치오 버터크림은 공기를 많이 포집해 볼륨감을 키우면 고소한 맛과 깔끔한 맛이 배가된다. 모든 재료를 넣고 5분 정도 뽀얗게 될 때까지 휘핑하는 것이 좋다.
- 체리 증류주인 키르슈와 매우 잘 어울려 필링에 10g 정도 첨가하면 세련된 풍미를 더할 수 있다.
- 식감을 살리기 위해 피스타치오 분태를 사용했지만 부드러운 식감을 선호한다면 동량의 피스타치오파우더로 대체할 수 있다.
- 피스타치오 버터크림 필링을 짠 다음 그리오틴(키르슈에 담근 체리)을 1개씩 올려 피스타치오 그리오틴 마카롱을 연출해도 좋다.

흑임자 마카롱

BLACK SESAME MACARON

버터크림에 흑임자 페이스트를 넣어 만든 고소한 맛의 마카롱이다. 흑임자 페이스트를 직접 만들어 넣으면 고소한 풍미가 배가된다.

분량
약 60~65개 분량

이탈리안 머랭 기본 코크
마블 모양 짜기
버터크림 필링

흑임자 코크

페이스트
아몬드파우더 351g
슈거파우더 351g
흰자A 141g

머랭
흰자B 141g
설탕A 39g

시럽
물 108g
설탕B 351g

색상
검정 색소 2g

흑임자 버터크림 필링
버터 183g
슈거파우더 118g
흑임자 페이스트 49.5g
흑임자 31g
아몬드파우더 63g

만다린 마카롱

Coque
만다린 코크

1 이탈리안 머랭 기본 코크 만들기(p.48)를 참조해 만든다.

Filling
만다린 무슬린크림 필링

1 냄비에 만다린 퓌레를 넣고 80℃ 정도까지 가열한다. 가장자리에 살짝 거품이 생기는 정도이다.
2 함께 섞은 설탕과 옥수수전분을 넣고 끓이면서 호화시킨다.
3 크림에 윤기가 나고 부드럽게 풀어지면 불에서 내린다.
4 비커에 옮겨 만다린 엑스트랙트와 차가운 상태의 버터A를 넣고 섞는다.
5 핸드블렌더로 유화시킨 뒤 40℃로 식힌다.
6 실온 상태의 부드러운 버터B와 만다린 리큐어를 넣고 25℃ 정도로 식을 때까지 다시 한번 유화시킨다.

Finish
마무리

1 완전히 식힌 코크를 2장씩 짝을 맞춘 뒤 1장은 구운 바닥면이 보이게 뒤집는다.
2 지름 1㎝ 원형깍지를 끼운 짤주머니에 만다린 무슬린크림 필링을 담고 1의 코크 위에 볼륨감 있게 짠다.
3 다른 1장의 코크를 지긋이 누르듯이 덮어 완성한다.

CHEF TIPS

- 전분과 액체를 섞으면 덩어리지기 쉬우므로 설탕과 전분을 함께 계량하여 미리 섞어 둔다. 입자가 거친 설탕이 분산제 역할을 하여 뭉치지 않고 매끈한 크림을 만들 수 있다.

리얼 다크초콜릿 마카롱

REAL DARK CHOCOLATE MACARON

마카롱 전문숍이라면 진한 초콜릿 마카롱 하나쯤은 갖춰 두는 것이 기본이다. 다크초콜릿 가나슈는 사용하는 초콜릿의 카카오 함량에 따라 다양한 맛을 연출할 수 있다. 이탈리안 머랭 초콜릿 코크에 샌드하면 더욱 진한 초콜릿 마카롱이 된다.

분량
약 60~65개 분량

이탈리안 머랭 초콜릿 코크
가나슈 필링

초콜릿 코크

초콜릿 페이스트
아몬드파우더 351g
슈거파우더 351g
흰자A 141g
카카오매스 94g

머랭
흰자B 141g
설탕A 39g

시럽
물 108g
설탕B 351g

리얼 다크초콜릿 가나슈 필링
생크림(브리델) 216g
전화당 18g
55% 다크초콜릿 198g
버터 49g

Filling 2

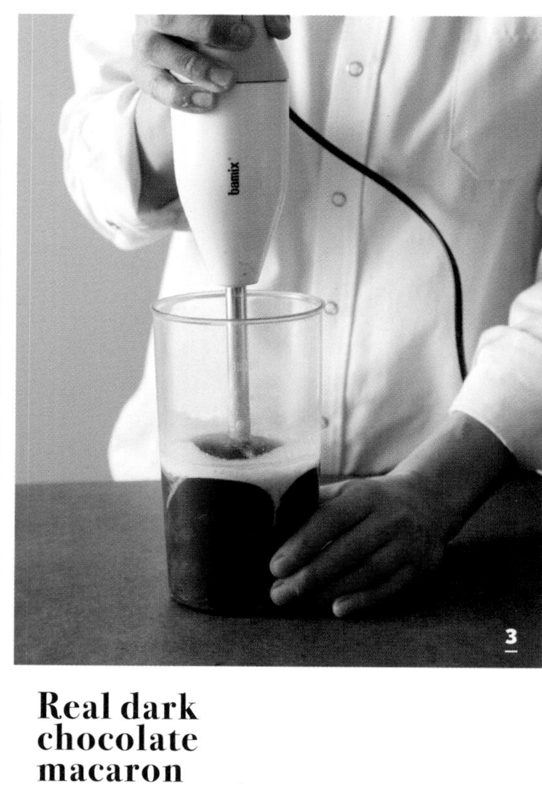

3

Real dark chocolate macaron

4-1

4-2

5-1

5-2

리얼 다크초콜릿 마카롱

Coque
초콜릿 코크

1 이탈리안 머랭 초콜릿 코크 만들기(p.54)를 참조해 만든다.

Filling
리얼 다크초콜릿 가나슈 필링

1 냄비에 생크림과 전화당을 넣고 가장자리가 끓기 시작하는 80℃ 정도로 가열한다.
2 다크초콜릿을 담은 비커에 붓고 초콜릿에 전체적으로 스며들 때까지 30초 정도 그대로 둔다.
3 핸드블렌더로 초콜릿과 생크림을 유화시킨다.
4 실온 상태의 부드러운 버터를 넣고 핸드블렌더로 잘 섞는다.
5 랩을 깐 트레이 위에 붓고 평평하게 펼친 뒤 표면에 밀착 랩핑하여 짜기 좋은 상태가 될 때까지 굳힌다.

Finish
마무리

1 완전히 식힌 코크를 2장씩 짝을 맞춘 뒤 1장은 구운 바닥면이 보이게 뒤집는다.
2 지름 1㎝ 원형깍지를 끼운 짤주머니에 리얼 다크초콜릿 가나슈 필링을 담고 1의 코크 위에 볼륨감 있게 짠다.
3 다른 1장의 코크를 지긋이 누르듯이 덮어 완성한다.

CHEF TIPS

- 가나슈 표면에 밀착 랩핑해야 세균이 번식하지 않고 표면이 마르지 않는다.
- 초콜릿 브랜드 및 카카오 함량에 따라 필링의 맛을 다양하게 바꿀 수 있다.

트러플 마카롱

TRUFFLE MACARON

가나슈 필링의 단맛과 짠맛의 조화가 매력적인 트러플 마카롱이다. 트러플 소금을 사용한 필링은 버터크림과는 또 다른 매력을 가진 초콜릿 가나슈와 잘 어우러져 고급스러운 마카롱을 만들 수 있다.

분량
약 60~65개 분량

이탈리안 머랭 기본 코크
가나슈 필링

트러플 코크

페이스트
아몬드파우더 351g
슈거파우더 351g
흰자A 141g

머랭
흰자B 141g
설탕A 39g

시럽
물 108g
설탕B 351g

색상
검정 색소 2g
파랑 색소 3g

트러플 가나슈 필링
생크림 200g
트러플 소금 5g
버터 20g
72% 다크초콜릿 140g
41% 밀크초콜릿 100g

Truffle macaron

Filling 1

2

3

4

5-1

5-2

트러플
마카롱

Coque
트러플 코크

1 이탈리안 머랭 기본 코크 만들기(p.48)를 참조해 반죽을 만든다.
2 반죽을 반으로 나눠 한쪽에 검정, 파랑 색소를 전부 섞은 뒤 두 종류의 코크를 만든다.

Filling
트러플 가나슈 필링

1 냄비에 생크림과 트러플 소금을 넣고 가장자리가 끓기 시작하는 80℃ 정도로 가열한다.
2 실온 상태의 부드러운 버터를 넣고 섞는다.
3 다크초콜릿과 밀크초콜릿을 담은 비커에 붓고 초콜릿에 전체적으로 스며들 때까지 30초 정도 그대로 둔다.
4 핸드블렌더로 초콜릿과 생크림을 유화시킨다.
5 랩을 깐 트레이 위에 붓고 평평하게 펼친 뒤 표면에 밀착 랩핑하여 짜기 좋은 상태가 될 때까지 굳힌다.

Finish
마무리

1 완전히 식힌 코크를 2장씩 짝을 맞춘 뒤 1장은 구운 바닥면이 보이게 뒤집는다.
2 지름 1㎝ 원형깍지를 끼운 짤주머니에 트러플 가나슈 필링을 담고 1의 코크 위에 볼륨감 있게 짠다.
3 다른 1장의 코크를 지긋이 누르듯이 덮어 완성한다.

CHEF TIPS

- 트러플 향이 너무 강할 경우에는 트러플 소금의 양을 1~2g 줄인다.
- 대량 생산하는 경우 생크림과 버터를 함께 계량하여 데운다.

시나몬 가나슈 마카롱

CINNAMON GANACHE MACARON

두 종류의 초콜릿을 함께 사용한 마카롱으로 향신료인 시나몬을 가미해 은은한 스파이스 향이 느껴진다.
가을 시즌메뉴로 마케팅하기 좋은 메뉴이며 음료에 매칭하기도 좋은데 특히 카푸치노나 티와 잘 어울린다.

분량
약 60~65개 분량

이탈리안 머랭 초콜릿 코크
가나슈 필링

시나몬 코크

초콜릿 페이스트
아몬드파우더 351g
슈거파우더 351g
흰자A 141g
카카오매스 94g

머랭
흰자B 141g
설탕A 39g

시럽
물 108g
설탕B 351g

색상
갈색 색소 1g

시나몬 가나슈 필링

생크림 240g
66% 다크초콜릿 96g
41% 밀크초콜릿 120g
시나몬파우더 12g
버터 24g

Cinnamon ganache macaron

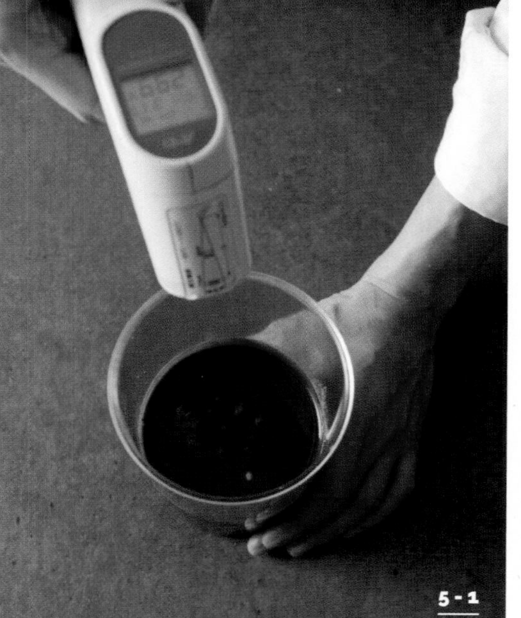

망고 패션프루트 마카롱

Coque
망고 & 패션프루트 코크

1. 이탈리안 머랭 기본 코크 만들기(p.48)를 참조해 반죽을 만든다.
2. 반죽을 반으로 나눠 노랑, 주황 색소를 각각 섞은 뒤 두 종류의 코크를 만든다.

Filling
망고 패션프루트 가나슈 필링

1. 냄비에 망고 퓌레, 패션프루트 퓌레, 전화당, 카카오버터, 버터를 넣고 불에 올려 80℃까지 데운다.
2. 밀크초콜릿을 담은 비커에 붓고 초콜릿에 전체적으로 스며들 때까지 30초 정도 그대로 둔다.
3. 핸드블렌더로 초콜릿과 퓌레를 유화시킨 뒤 랩을 깐 트레이에 붓고 평평하게 펼친다.
4. 가나슈 표면에 밀착 랩핑한 뒤 짜기 좋은 상태가 될 때까지 굳힌다.

Finish
마무리

1. 완전히 식힌 코크를 2장씩 짝을 맞춘 뒤 1장은 구운 바닥면이 보이게 뒤집는다.
2. 지름 1㎝ 원형깍지를 끼운 짤주머니에 망고 패션프루트 가나슈 필링을 담고 1의 코크 위에 볼륨감 있게 짠다.
3. 다른 1장의 코크를 지긋이 누르듯이 덮어 완성한다.

CHEF TIPS

- 대용량으로 작업할 경우 과일 퓌레를 오래 끓이면 맛과 향이 떨어지므로 퓌레 일부만 끓이고 나머지 퓌레는 그대로 넣는 것이 신선도 유지는 물론 작업 효율도 좋다.

밤 밀크 마카롱

CHESTNUT MILK MACARON

밤의 계절인 가을과 겨울 메뉴로 추천하는 아이템이다.
되직한 밤 퓌레에 생크림으로 농도를 맞추고
밀크초콜릿으로 밤의 풍부한 맛을 한층 살렸다. 필링만
넣어도 되지만 밤다이스를 더해 씹는 식감을 더했다.

분량
약 60~65개 분량

이탈리안 머랭 초콜릿 코크
가나슈 필링

밤 밀크 코크

초콜릿 페이스트
아몬드파우더 351g
슈거파우더 351g
흰자A 141g
카카오매스 94g

머랭
흰자B 141g
설탕A 39g

시럽
물 108g
설탕B 351g

색상
검정 색소 8g

밤 밀크 가나슈 필링

밤 퓌레(브와롱) 126g
생크림 90g
버터 36g
카카오버터 18g
41% 밀크초콜릿 180g

보늬밤 약 16개

Filling 1

3-1

3-2

Chestnut milk macaron

Finish 2

3-1

3-2

밤 밀크
마카롱

Coque
밤 밀크 코크

1. 이탈리안 머랭 초콜릿 코크 만들기(p.54)를 참조해 반죽을 만든다.
2. 반죽을 반으로 나눠 한쪽에 검정 색소를 전부 섞은 뒤 두 종류의 코크를 만든다.

Filling
밤 밀크 가나슈 필링

1. 냄비에 밤 퓌레, 생크림, 버터, 카카오버터를 넣고 80℃ 정도까지 가열한다.
2. 밀크초콜릿을 담은 비커에 붓고 초콜릿에 전체적으로 스며들 때까지 30초 정도 그대로 둔다.
3. 핸드블렌더로 초콜릿과 퓌레를 유화시킨 뒤 랩을 깐 트레이에 붓고 평평하게 펼친다.
4. 가나슈 표면에 밀착 랩핑한 뒤 짜기 좋은 상태가 될 때까지 굳힌다.

Finish
마무리

1. 완전히 식힌 코크를 2장씩 짝을 맞춘 뒤 1장은 구운 바닥면이 보이게 뒤집는다.
2. 지름 1㎝ 원형깍지를 끼운 짤주머니에 밤 밀크 가나슈 필링을 담고 1의 코크 위에 볼륨감 있게 짠다.
3. 중앙에 보늬밤 1/4조각씩을 놓고 다른 1장의 코크를 지긋이 누르듯이 덮어 완성한다.

코코넛 마카롱

COCONUT MACARON

코코넛 퓌레로 은은한 코코넛 향을 내고 코코넛 파우더로 씹는 식감을 더한 이국적인 맛의 마카롱이다. 밀크초콜릿 가나슈를 필링에 이용해 누구나 맛있게 먹을 수 있도록 만들었다.

분량
약 60~65개 분량

이탈리안 머랭 기본 코크
가나슈 필링

코코넛 코크

페이스트
아몬드파우더 351g
슈거파우더 351g
흰자A 141g

머랭
흰자B 141g
설탕A 39g

시럽
물 108g
설탕B 351g

색상
갈색 색소 2g

주황 색소 1g

코코넛 밀크 가나슈 필링
코코넛 퓌레(브와롱) 70g
생크림 175g
41% 밀크초콜릿 150g
코코넛파우더 112g

Filling 1

2

Coconut macaron

3-1

3-2

4-1

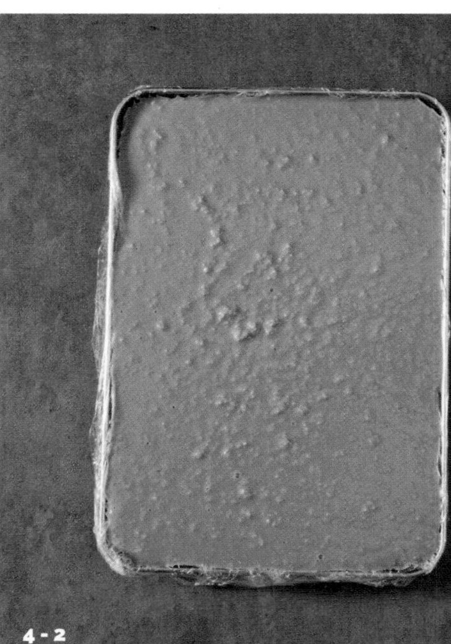
4-2

코코넛 마카롱

Coque
코코넛 코크

1 이탈리안 머랭 기본 코크 만들기(p.48)를 참조해 반죽을 만든다.
2 반죽을 반으로 나눠 갈색, 주황 색소를 각각 섞은 뒤 두 종류의 코크를 만든다.

Filling
코코넛 밀크 가나슈 필링

1 냄비에 코코넛 퓌레와 생크림을 넣고 80℃ 정도까지 가열한다.
2 밀크초콜릿을 담은 비커에 붓고 초콜릿에 전체적으로 스며들 때까지 30초 정도 그대로 둔다.
3 코코넛파우더를 넣고 핸드블렌더로 잘 섞는다.
4 랩을 깐 트레이에 붓고 평평하게 펼친 뒤 가나슈 표면에 밀착 랩핑하여 짜기 좋은 상태가 될 때까지 굳힌다.

Finish
마무리

1 완전히 식힌 코크를 2장씩 짝을 맞춘 뒤 1장은 구운 바닥면이 보이게 뒤집는다.
2 지름 1㎝ 원형깍지를 끼운 짤주머니에 코코넛 밀크 가나슈 필링을 담고 1의 코크 위에 볼륨감 있게 짠다.
3 다른 1장의 코크를 지긋이 누르듯이 덮어 완성한다.

얼그레이 가나슈 마카롱

EARL GREY GANACHE MACARON

얼그레이를 우린 생크림과 밀크초콜릿이 어우러진 얼그레이 밀크 가나슈는 얼그레이 캐러멜 마카롱의 버터크림과는 또 다른 풍부한 얼그레이 맛을 느낄 수 있는 메뉴이다.

분량
약 60~65개 분량

이탈리안 머랭 얼그레이 코크
가나슈 필링

얼그레이 코크

얼그레이 페이스트
아몬드파우더 351g
슈거파우더 351g
얼그레이 찻잎 10g
흰자A 141g

머랭
흰자B 141g
설탕A 39g

시럽
물 108g
설탕B 351g

색상
보라 색소 3g
검정 색소 2g

얼그레이 밀크 가나슈 필링
생크림 330g
얼그레이 찻잎 18g
전화당 30g
41% 밀크초콜릿 300g

Filling 3-1

3-2

Earl grey ganache macaron

5-1

5-2

7-1

7-2

얼그레이 가나슈 마카롱

Coque
얼그레이 코크

1. 이탈리안 머랭 얼그레이 코크 만들기(p.58)를 참조해 반죽을 만든다.
2. 반죽을 반으로 나눠 보라, 검정 색소를 각각 섞은 뒤 두 종류의 코크를 만든다.

Filling
얼그레이 밀크 가나슈 필링

1. 냄비에 생크림과 얼그레이 찻잎을 넣고 가열하여 가장자리에 보글보글하게 거품이 일기 시작할 때까지 끓인다.
2. 불에서 내려 랩을 씌운 다음 약 3분간 향을 우린다.
3. 얼그레이 잎을 체에 거른 뒤 잎이 흡수한 양만큼 생크림을 추가해 생크림의 양을 330g에 맞춘다.
4. 냄비에 3과 전화당을 넣고 다시 가열하여 80℃까지 데운다.
5. 밀크초콜릿을 담은 비커에 붓고 초콜릿에 전체적으로 스며들 때까지 30초 정도 그대로 둔다.
6. 핸드블렌더로 초콜릿과 얼그레이 생크림을 유화시킨다.
7. 랩을 깐 트레이에 붓고 평평하게 펼친 뒤 가나슈 표면에 밀착 랩핑하여 짜기 좋은 상태가 될 때까지 굳힌다.

Finish
마무리

1. 완전히 식힌 코크를 2장씩 짝을 맞춘 뒤 1장은 구운 바닥면이 보이게 뒤집는다.
2. 지름 1㎝ 원형깍지를 끼운 짤주머니에 얼그레이 밀크 가나슈 필링을 담고 1의 코크 위에 볼륨감 있게 짠다.
3. 다른 1장의 코크를 지긋이 누르듯이 덮어 완성한다.

CHEF TIPS

- 대량 생산하는 경우 생크림 전부를 가열해 얼그레이 잎을 우리는 것보다 생크림 일부에 홍차 잎을 우린 다음 나머지 생크림을 섞어 가열하면 시간을 효율적으로 단축시킬 수 있다.

피칸 캐러멜 마카롱

PECAN CARAMEL MACARON

쌉싸름한 캐러멜과 초콜릿이 조화로운 단맛을 선사하는 마카롱이다. 캐러멜과 초콜릿의 조합이 과하다 느껴질 수 있으나 이 필링은 그런 편견을 깨주는 아주 좋은 레시피이다. 여기에 선호하는 견과류를 넣으면 식감과 고소함까지 더할 수 있다.

// VARIATION //

분량

약 60~65개 분량

이탈리안 머랭 기본 코크
가나슈 필링

피칸 코크

페이스트

아몬드파우더 351g
슈거파우더 351g
흰자A 141g

머랭

흰자B 141g
설탕A 39g

시럽

물 108g
설탕B 351g

색상

노랑 색소 2g
갈색 색소A 1g

빨강 색소 1g
갈색 색소B 3g

피칸 페이스트

설탕 160g
구운 피칸 100g
슈거파우더 85g

피칸 캐러멜 가나슈 필링

설탕 143g
생크림 180g
소금 3g
40% 밀크초콜릿 50g
버터 83g

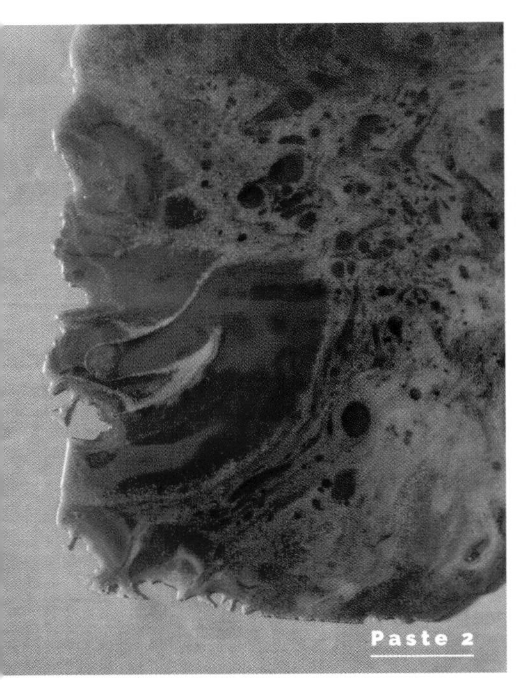

Paste 2

3-1

Pecan caramel macaron

3-2

Filling 4

7

Finish 3

피칸 캐러멜 마카롱

Coque
피칸 코크

1 이탈리안 머랭 기본 코크 만들기(p.48)를 참조해 반죽을 만든다.
2 반죽을 반으로 나눠 노랑+갈색A, 빨강+갈색B 색소를 각각 섞은 뒤 두 종류의 코크를 만든다.

Paste
피칸 페이스트

1 냄비를 불에 올리고 설탕을 조금씩 넣으면서 캐러멜화시킨다.
2 적당한 캐러멜 색이 되면 테프론시트에 바로 부어 완전히 식힌다.
3 푸드프로세서에 식혀서 조각낸 캐러멜, 구운 피칸, 슈거파우더를 넣고 되직한 페이스트 상태가 되도록 곱게 간다.

–

Filling
피칸 캐러멜 가나슈 필링

1 냄비를 불에 올리고 설탕을 조금씩 넣으며 캐러멜화시킨다.
2 동시에 다른 냄비에 생크림과 소금을 넣고 가열하여 가장자리에 약간의 기포가 생길 때까지만 끓인다.
3 적당한 캐러멜 색이 나면 2를 조금씩 나눠 넣으며 섞어 캐러멜소스를 만든다.
4 3을 다시 108℃까지 끓여 수분을 날린다.
5 불에서 내려 볼로 옮긴 다음 40℃로 식힌다.
6 밀크초콜릿과 실온 상태의 부드러운 버터를 넣고 핸드블렌더로 유화시킨다.
7 랩을 깐 트레이에 붓고 평평하게 펼친 뒤 가나슈 표면에 밀착 랩핑하여 초콜릿 냉장고에서 6시간 정도 굳힌다.

Finish
마무리

1 완전히 식힌 코크를 2장씩 짝을 맞춘 뒤 1장은 구운 바닥면이 보이게 뒤집는다.
2 지름 1㎝ 원형깍지를 끼운 짤주머니에 피칸 캐러멜 가나슈 필링을 담고 1의 코크 위에 링 모양으로 짠다.
3 가운데 피칸 페이스트를 짜고 다른 1장의 코크를 지긋이 누르듯이 덮어 완성한다.

CHEF TIPS

- 피칸은 160℃ 오븐에서 약 15분 정도 구워 사용해야 더욱 고소하고 맛있는 페이스트가 된다.
- 피칸 이외에 헤이즐넛 등의 다른 견과류로 대체 가능하다. 호두는 너무 기름질 수 있으므로 사용 시 유의한다.
- 피칸 페이스트의 경우 푸드프로세서나 써머믹서를 사용해야 원하는 질감과 텍스처를 얻을 수 있다. 일반 핸드블렌더는 작업성이 좋지 않다.
- 밀크초콜릿 대신 카카오함량이 높은 다크초콜릿을 사용하면 달콤 쌉싸름한 느낌의 마카롱을 만들 수 있다.
- 실온 상태의 부드러운 버터와 밀크초콜릿은 캐러멜을 40℃ 정도로 식힌 뒤 넣고 핸드블렌더로 완벽하게 유화시켜 굳혀야만 다음날 사용할 때 필링의 상태가 안정적이며 작업성도 좋다.

루비 마카롱

RUBY MACARON

루비 초콜릿은 인공첨가물이나 색소 없이 붉은 빛이 나는 독특한 초콜릿이다. 다크, 밀크, 화이트초콜릿과는 다른 초콜릿으로 가공을 통해 은은한 베리향과 약간 새콤한 맛이 난다. 루비 가나슈는 루비초콜릿의 독특한 풍미를 온전히 느낄 수 있는 필링이다.

//VARIATION//

분량
약 60~65개 분량

이탈리안 머랭 기본 코크
가나슈 필링

루비 코크

페이스트
아몬드파우더 351g
슈거파우더 351g
흰자A 141g

머랭
흰자B 141g
설탕A 39g

시럽
물 108g
설탕B 351g

색상
빨강 색소 2g
분홍 색소 2g

루비 가나슈 필링
생크림 180g
버터 50g
카카오버터 20g
루비초콜릿 225g

Filling 1-1

1-2

Ruby macaron

2

3

4-1

4-2

루비 마카롱

Coque
루비 코크

1. 이탈리안 머랭 기본 코크 만들기(p.48)를 참조해 만든다.

Filling
루비 가나슈 필링

1. 냄비에 생크림, 버터, 카카오버터를 넣고 80℃까지 가열한다.
2. 루비초콜릿을 담은 비커에 붓고 생크림이 초콜릿에 전체적으로 스며들 때까지 30초 정도 그대로 둔다.
3. 핸드블렌더로 초콜릿과 생크림을 유화시킨다.
4. 랩을 깐 트레이에 붓고 평평하게 펼친 뒤 가나슈 표면에 밀착 랩핑하여 짜기 좋은 상태가 될 때까지 굳힌다.

Finish
마무리

1. 완전히 식힌 코크를 2장씩 짝을 맞춘 뒤 1장은 구운 바닥면이 보이게 뒤집는다.
2. 지름 1㎝ 원형깍지를 끼운 짤주머니에 루비 가나슈 필링을 담고 1의 코크 위에 볼륨감 있게 짠다.
3. 다른 1장의 코크를 지긋이 누르듯이 덮어 완성한다.

산딸기 루비 마카롱

RASPBERRY RUBY MACARON

고운 색상과 산뜻한 맛으로 베리류와 잘 어울리는 루비초콜릿에 새콤달콤한 산딸기 퓌레와 딸기 퓌레를 넣었다. 생과를 더하면 제품에 식감을 살릴 수도 있다. 두 가지 필링 중 원하는 필링을 골라 만들어 보자.

//VARIATION//

분량

약 60~65개 분량

이탈리안 머랭 기본 코크
마블 모양 짜기
가나슈 필링

산딸기 루비 코크

페이스트

아몬드파우더 351g
슈거파우더 351g
흰자A 141g

머랭

흰자B 141g
설탕A 39g

시럽

물 108g
설탕B 351g

색상

분홍 색소A 1g

빨강 색소 3g
분홍 색소B 1g

산딸기 루비 가나슈 필링 (1)

산딸기 퓌레(브와롱) 123g
레몬 퓌레 8g
설탕 30g
생크림 80g
버터 50g
루비초콜릿 225g

딸기 루비 가나슈 필링 (2)

생크림 56g
물엿 75g
딸기 퓌레 54g
버터 25g
카카오버터17g
33% 루비초콜릿 232g

Raspberry ruby macaron

산딸기 루비 마카롱

Coque
산딸기 루비 코크

1. 이탈리안 머랭 기본 코크 만들기(p.48)를 참조해 반죽을 만든다.
2. 반죽을 반으로 나눠 분홍A, 빨강+분홍B 색소를 각각 섞은 뒤 마블 모양으로 짜기(p.37 응용2)를 참조해 마블 모양의 코크를 만든다.

Filling
산딸기 루비 가나슈 필링 (1)

1. 냄비에 산딸기 퓌레, 레몬 퓌레, 설탕, 생크림, 버터를 넣고 80℃까지 가열한다.
2. 루비초콜릿을 담은 비커에 붓고 초콜릿에 전체적으로 스며들 때까지 30초 정도 그대로 둔다.
3. 핸드블렌더로 초콜릿, 퓌레, 생크림을 유화시킨다.
4. 랩을 깐 트레이에 붓고 평평하게 펼친 뒤 가나슈 표면에 밀착 랩핑하여 짜기 좋은 상태가 될 때까지 굳힌다.

–

Filling
딸기 루비 가나슈 필링 (2)

1. 냄비에 생크림, 물엿, 딸기 퓌레, 버터, 카카오버터를 넣고 80℃까지 가열한다.
2. 루비초콜릿을 담은 비커에 붓고 초콜릿에 전체적으로 스며들 때까지 30초 정도 그대로 둔다.
3. 핸드블렌더로 초콜릿과 액체 재료를 유화시킨다.
4. 랩을 깐 트레이에 붓고 평평하게 펼친 뒤 가나슈 표면에 밀착 랩핑하여 짜기 좋은 상태가 될 때까지 굳힌다.

Finish
마무리

1. 완전히 식힌 코크를 2장씩 짝을 맞춘 뒤 1장은 구운 바닥면이 보이게 뒤집는다.
2. 지름 1㎝ 원형깍지를 끼운 짤주머니에 산딸기 루비 가나슈 필링 또는 딸기 루비 가나슈 필링을 담고 1의 코크 위에 볼륨감 있게 짠다.
3. 다른 1장의 코크를 지긋이 누르듯이 덮어 완성한다.

CHEF TIPS

- 퓌레는 오래 끓이면 맛과 향이 떨어지므로 대량 생산하는 경우에는 퓌레를 반으로 나누어 반은 생크림과 함께 끓이고, 나머지 반은 끓인 뒤에 넣고 섞는 것이 신선도 유지는 물론 작업 효율도 좋다.
- 카카오버터는 가나슈의 질감을 보완하고 가나슈를 굳히는 데 도움을 준다.
- 루비초콜릿은 산성이 강한 퓌레와 함께 사용하면 색감이 더 붉게 유지된다.

레드벨벳 마카롱

RED VELVET MACARON

/ VARIATION /

미국 남부에서 시작된 레드벨벳케이크는 붉은색 케이크 시트와 크림치즈 아이싱의 조합이 매력적인 케이크이다. 레드벨벳 마카롱은 여기에서 아이디어를 얻은 제품이다. 진한 이탈리안 머랭 레드벨벳 코크에 크림치즈 필링을 채워 초코, 치즈 마니아 모두에게 사랑받는다. 화이트초콜릿이 크림치즈의 수분을 잡아 주어 냉동 보관과 유통이 용이하다.

분량

약 60~65개 분량

이탈리안 머랭 레드벨벳 코크
크림치즈 필링

레드벨벳 코크

레드벨벳 페이스트
아몬드파우더 351g
슈거파우더 351g
흰자A 141g
카카오매스 94g

머랭
흰자B 141g
설탕A 39g

시럽
물 108g
설탕B 351g

색상
빨강 색소 13g

레드벨벳 크림치즈 필링

크림치즈 250g
슈거파우더 50g
버터 50g
34% 화이트초콜릿 130g

무화과 크림치즈 마카롱

Coque
무화과 코크

1 이탈리안 머랭 기본 코크 만들기(p.48)를 참조해 만든다.

Jam
와인 무화과잼

1 반건조 무화과는 꼭지를 제거하고 반으로 잘라 뜨거운 물에 데친다.
2 냄비에 데친 무화과, 레드와인, 설탕을 넣고 중약불에서 끓인다.
3 무화과가 부드러워지고 수분이 30% 정도 줄어들면 무화과 퓌레를 넣고 잼 상태가 될 때까지 졸인다.
4 핸드블렌더로 간 뒤 20℃로 식힌다.

Filling
무화과 크림치즈 필링

–

1 p.66을 참조해 기본 크림치즈 필링을 만든다.
2 와인 무화과잼과 부드러운 상태의 기본 크림치즈 필링을 잘 섞는다.

Finish
마무리

1 완전히 식힌 코크를 2장씩 짝을 맞춘 뒤 1장은 구운 바닥면이 보이게 뒤집는다.
2 원형깍지를 끼운 짤주머니에 무화과 크림치즈 필링을 담고 1의 코크 위에 볼륨감 있게 짠다.
3 다른 1장의 코크를 지긋이 누르듯이 덮어 완성한다.

요거트 크림치즈 마카롱

YOGURT CREAM CHEESE MACARON

고소한 코크와 요거트 크림치즈의 부드럽고 상큼한 맛이 균형을 이룬다. 트레할로스를 사용하고 화이트초콜릿 대신 젤라틴매스로 굳혀 당도를 낮추었다.

분량
약 60~65개 분량

이탈리안 머랭 기본 코크
크림치즈 필링

요거트 코크

페이스트
아몬드파우더 351g
슈거파우더 351g
흰자A 141g

머랭
흰자B 141g
설탕A 39g

시럽
물 108g
설탕B 351g

색상
하늘색 색소 2g

요거트 크림치즈 필링

크림치즈 192g
요거트파우더 80g
트레할로스 32g
생크림A 64g
생크림B 64g
젤라틴매스 24g

Yogurt cream cheese macaron

3

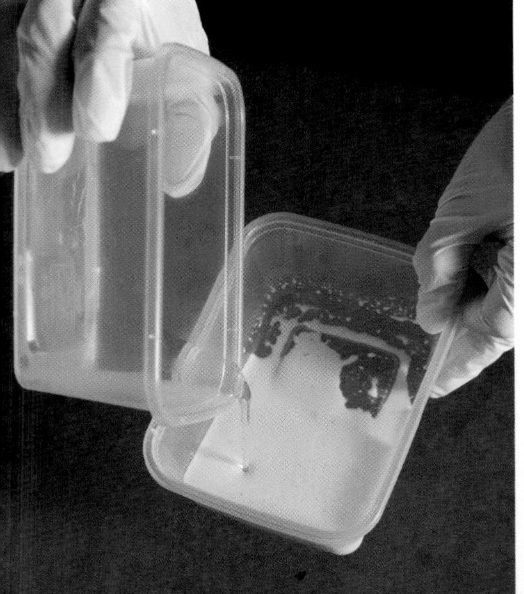

요거트 크림치즈 마카롱

Coque
요거트 코크

1 이탈리안 머랭 기본 코크 만들기(p.48)를 참조해 반죽을 만든다.
2 반죽을 반으로 나눠 한쪽에 하늘색 색소를 전부 섞은 뒤 두 종류의 코크를 만든다.

Filling
요거트 크림치즈 필링

1 실온의 크림치즈를 부드럽게 잘 푼다.
2 요거트파우더와 트레할로스를 넣고 섞는다.
3 생크림A를 조금씩 넣으며 잘 섞는다.
4 녹인 젤라틴매스를 생크림B에 넣고 섞은 뒤 3에 넣어 섞는다.
5 냉장고에 6시간 정도 숙성시킨 다음 휘핑해서 사용한다.

Finish
마무리

1 완전히 식힌 코크를 2장씩 짝을 맞춘 뒤 1장은 구운 바닥면이 보이게 뒤집는다.
2 지름 1㎝ 원형깍지를 끼운 짤주머니에 요거트 크림치즈 필링을 담고 1의 코크 위에 볼륨감 있게 짠다.
3 다른 1장의 코크를 지긋이 누르듯이 덮어 완성한다.

고르곤졸라 호두 크림치즈 마카롱

GORGONZOLA WALNUT CREAM CHEESE MACARON

고르곤졸라치즈와 잘 어울리는 꿀과 호두를 넣어 고급스러운 느낌을 살렸다. 고르곤졸라의 독특한 풍미와 꿀의 달콤한 향이 잘 어우러지고, 고소한 호두가 맛과 식감을 더한다. 와인과도 페어링하기 좋은 마카롱이다.

분량
약 60~65개 분량

이탈리안 머랭 기본 코크
크림치즈 필링

고르곤졸라 호두 코크

페이스트
아몬드파우더 351g
슈거파우더 351g
흰자A 141g

머랭
흰자B 141g
설탕A 39g

시럽
물 108g
설탕B 351g

색상
하늘색 색소 2g

밤색 색소 2g

고르곤졸라 호두 크림치즈 필링
크림치즈 200g
설탕 80g
고르곤졸라치즈 12g
꿀 40g
구운 호두 분태 30g

Filling 2-1

2-2

Gorgonzola walnut cream cheese macaron

2-3

3-1

3-2

고르곤졸라 호두 크림치즈 마카롱

Coque
고르곤졸라 호두 코크

1 이탈리안 머랭 기본 코크 만들기(p.48)를 참조해 반죽을 만든다.
2 반죽을 반으로 나눠 하늘색, 밤색 색소를 각각 섞은 뒤 두 종류의 코크를 만든다.

Filling
고르곤졸라 호두 크림치즈 필링

1 실온 상태의 크림치즈를 부드럽게 푼다.
2 설탕, 고르곤졸라치즈, 꿀을 넣고 섞는다.
3 구운 호두 분태를 넣고 섞는다.

Finish
마무리

1 완전히 식힌 코크를 2장씩 짝을 맞춘 뒤 1장은 구운 바닥면이 보이게 뒤집는다.
2 지름 1㎝ 원형깍지를 끼운 짤주머니에 고르곤졸라 호두 크림치즈 필링을 담고 1의 코크 위에 볼륨감 있게 짠다.
3 다른 1장의 코크를 지긋이 누르듯이 덮어 완성한다.

몽몰리옹 마카롱

MACARON DE MONTMORILLON

프랑스 중서부 몽몰리옹 지역의 마카롱으로,
거친 아몬드 입자가 도드라져 보이는 것이 특징이다.

분량
30개 분량

재료
아몬드파우더 150g
슈거파우더 75g
흰자 60g
설탕 75g

1 아몬드파우더와 슈거파우더를 함께 체 친다.
2 믹서볼에 흰자와 설탕을 넣고 단단하게 머랭을 올린다.
3 머랭에 체 친 가루를 넣고 섞는다.
4 별 모양깍지를 끼운 짤주머니에 반죽을 넣고 테프론시트를 깐 오븐팬 위에 짠다.
5 180℃ 오븐에 12분 정도 굽는다.

1

2-1

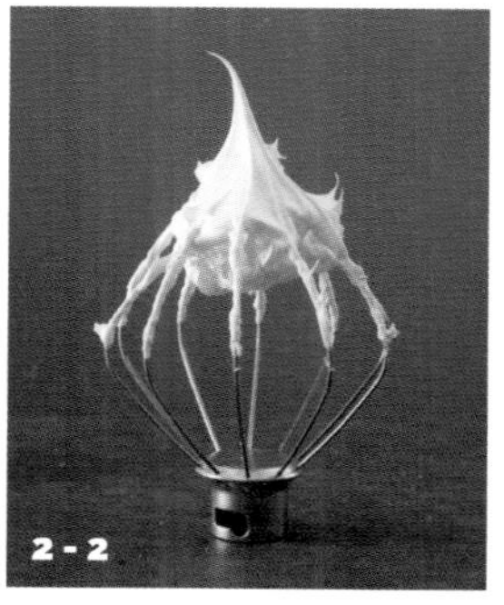
2-2

3-1

3-2

3-3

4-1

4-2

생테밀리옹 마카롱

MACARON DE SAINT-ÉMILION

프랑스 남서부 지역의 마카롱으로,
윗면의 갈라진 모양이 특징이다.

분량
30개 분량

재료
흰자 50g
설탕 100g
아몬드파우더 65g

1 믹서볼에 흰자와 설탕을 넣고 단단하게 머랭을 올린다.
2 아몬드파우더를 넣고 잘 섞는다.
3 지름 1㎝ 원형 모양깍지를 끼운 짤주머니에 넣고 테프론시트를 깐 오븐팬 위에 지름 3㎝ 크기로 짠다.
4 160℃ 오븐에 15분 정도 굽는다.

/SPECIAL/

다미앙 마카롱

MACARON D'AMIENS

프랑스 북부 아미앙 지역의 마카롱으로,
아몬드파우더의 함량이 높아 쿠키처럼 반죽하고
휴지시켜 만드는 마카롱이다.

분량
30개 분량

재료
아몬드파우더 145g
설탕 75g
꿀 10g
노른자 25g
흰자 20g
살구잼 10g

1. 볼에 아몬드파우더, 설탕, 꿀을 넣고 잘 섞는다.
2. 노른자, 흰자, 살구잼을 순서대로 넣고 잘 섞어 한 덩어리로 뭉친다.
3. 반죽을 막대 모양으로 길게 늘인 다음 마르지 않게 비닐로 감싼다.
4. 냉장고에 6시간 정도 휴지시킨다.
5. 2㎝ 두께로 잘라 테프론시트를 깐 오븐팬 위에 올린다.
6. 180℃ 오븐에 12분 정도 굽는다.

2

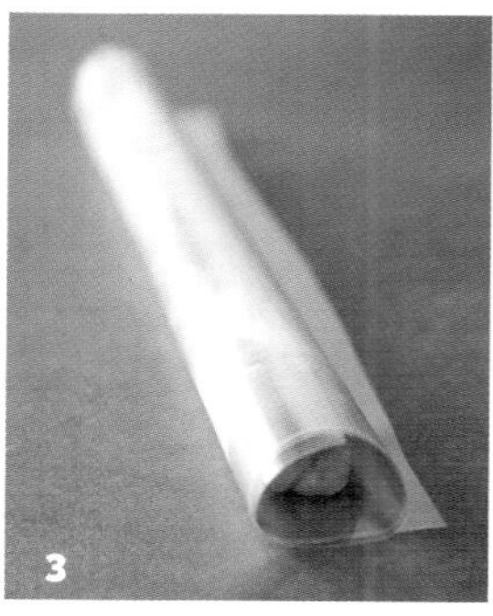
3

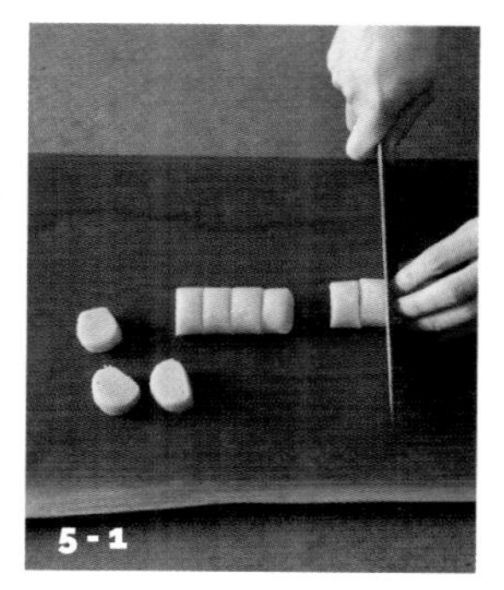
5-1

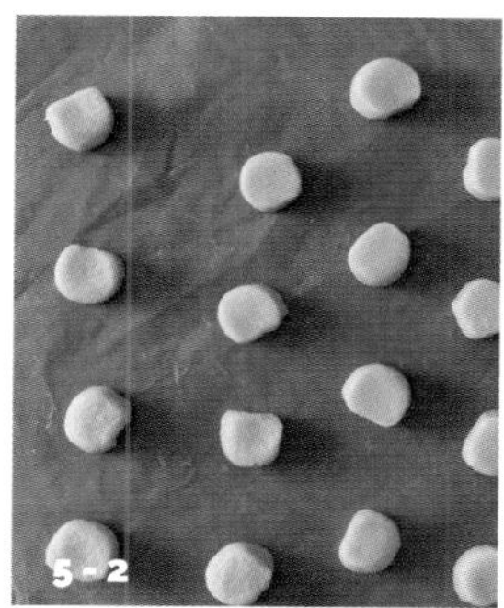
5-2

해피버스데이

Coque
핑크 코크

1 이탈리안 머랭 기본 코크 만들기(p.48)를 참조해 반죽을 만든다 (반죽을 반으로 나눠 한쪽에 빨강, 분홍 색소를 전부 섞은 뒤 두 종류의 반죽을 만들어도 좋다).
2 코크 반죽을 짜고 윗면이 될 코크에 다양한 스프링클을 뿌린 뒤 건조시킨다.
3 150℃ 오븐에 약 11분 동안 굽는다.

Filling
파트 아 봉브 버터크림

1 볼에 물, 설탕, 노른자를 넣고 중탕볼 위에서 거품기로 저으면서 80~83℃까지 가열한다.
2 불에서 내려 고속으로 휘핑하면서 온도를 25℃까지 낮춘다.
3 실온 상태의 부드러운 버터를 조금씩 넣으면서 거품기로 매끄럽게 섞는다.

Finish
마무리

1 완전히 식힌 코크를 2장씩 짝을 맞춘 뒤 1장은 구운 바닥면이 보이게 뒤집는다.
2 지름 1㎝ 원형깍지를 끼운 짤주머니에 파트 아 봉브 버터크림 필링을 담고 1의 코크 위에 볼륨감 있게 짠다.
3 다른 1장의 코크를 지긋이 누르듯이 덮어 완성한다.

CHEF TIPS

- 끓인 시럽은 얼음볼 위에 올리면 빠른 속도로 식힐 수 있다.
- 처음에는 노른자의 색상이 짙지만 휘핑하면 공기가 들어가 뽀얗고 고운 색으로 변한다.
- 버터크림은 냉장 3~5일, 냉동 2~4주까지 보관이 가능하며 미리 만들어 냉동 보관해 사용할 수 있으므로 대량 생산에 용이하다.
- 보관할 때는 반드시 랩으로 밀봉하며 온도 변화가 크면 빨리 상할 수 있으니 재냉동, 재해동은 하지 않는다.
- 냉동한 크림은 냉장고에서 서서히 해동시키는 것이 좋으며 원래의 질감을 균일하게 살리기 위해 전체를 다시 휘핑해서 사용하는 것이 좋다.
- 필링을 산딸기 버터크림 필링(p.111 참조)으로 대체해도 좋다.

크리스마스

CHRISTMAS

크리스마스에 어울리는 색상의 코크에 눈꽃 모양 아이싱을 더하고 계절감 있는 필링을 채워 크리스마스 느낌이 물씬 나는 마카롱을 연출했다.

분량
약 60~65개 분량

이탈리안 머랭 기본 코크
파트 아 봉브 버터크림 필링
가나슈 필링

크리스마스 코크

페이스트
아몬드파우더 351g
슈거파우더 351g
흰자A 141g

머랭
흰자B 141g
설탕A 39g

시럽
물 108g
설탕B 351g

색상
빨강 색소 4.3g

검정 색소 1g
노랑 색소 2.3g

하늘색 색소 1g

산딸기 버터크림 필링 (1)
파트 아 봉브 버터크림 270g
(p.64 참조)
산딸기잼 135g(p.113 참조)

시나몬 가나슈 필링 (2)
생크림 240g
66% 다크초콜릿 96g
41% 밀크초콜릿 120g
시나몬파우더 12g
버터 24g

로열아이싱
슈거파우더 100g
레몬즙 20g

Christmas

Filling (1)3-1

3-2

Filling (2)2

4

Finish 4-1

4-2

크리스마스

Coque
크리스마스 코크

1 이탈리안 머랭 기본 코크 만들기(p.48)를 참조해 반죽을 만든다.
2 반죽을 네 개로 나눈 뒤 그 중 세 개에 색소를 각각 섞어 빨강, 초록, 하늘색, 흰색 코크를 만든다.

Filling
산딸기 버터크림 필링 (1)

1 p.64를 참조해 파트 아 봉브 버터크림을 만들고 p.113을 참조하여 산딸기잼을 만든다.
2 파트 아 봉브 버터크림의 온도를 22~25℃ 정도로 맞추어 푼다.
3 부드럽게 푼 산딸기잼을 넣고 주걱으로 잘 섞는다.

–

Filling
시나몬 가나슈 필링 (2)

1 냄비에 생크림을 넣고 가장자리가 끓기 시작하는 80℃ 정도로 가열한다.
2 다크초콜릿과 밀크초콜릿이 담긴 비커에 붓고 초콜릿에 전체적으로 스며들 때까지 30초 정도 그대로 둔다.
3 핸드블렌더로 초콜릿과 생크림을 유화시킨다.
4 시나몬파우더를 넣고 핸드블렌더로 잘 섞는다.
5 25℃까지 식힌 다음 실온 상태의 부드러운 버터를 넣고 섞는다.
6 랩을 깐 트레이 위에 붓고 평평하게 펼친 뒤 가나슈 표면에 밀착 랩핑하여 짜기 좋은 상태가 될 때까지 굳힌다.

–

Royal icing
로열아이싱

1 슈거파우더에 레몬즙을 조금씩 넣어 가며 농도를 조절해 아이싱을 만든다.

Finish
마무리

1 완전히 식힌 코크를 2장씩 짝을 맞춘 뒤 1장은 구운 바닥면이 보이게 뒤집는다.
2 지름 1㎝ 원형깍지를 끼운 짤주머니에 산딸기 버터크림 또는 시나몬 가나슈 필링을 담고 1의 코크 위에 볼륨감 있게 짠다.
3 다른 1장의 코크를 지긋이 누르듯이 덮어 완성한다.
4 마카롱 윗면을 로열아이싱으로 장식한 뒤 건조시킨다.

생토노레

SAINT-HONORÉ

생토노레는 퍼프 페이스트리 위에 크림을 채운 슈를 케이크 형태로 쌓아 올린 고전적인 프랑스 디저트이다. 슈 대신 마카롱을 쌓아 올려 생토노레를 재해석해 보았다. 다양한 색상의 마카롱으로 화려하고 고급스러운 연출이 가능하다.

분량
4개 분량

이탈리안 머랭 기본 코크
버터크림 필링

생토노레
갈색 마카롱 코크 반죽 (p.87 참조) 적당량
솔티 캐러멜 버터크림 필링 (p.121 참조) 적당량

바닐라 몽테 크림
생크림 500g
바닐라 빈 1개
젤라틴매스 28g
34% 화이트초콜릿 250g

산딸기 & 로즈 이스파한

Coque
코크

1 p.195를 참고하여 분홍 마카롱 코크 반죽을 만든다.
2 지름 1㎝ 원형 모양깍지를 끼운 짤주머니에 분홍 마카롱 코크 반죽을 넣고 테프론시트를 깐 오븐팬에 지름 7㎝ 크기의 나선형으로 짠 다음 표면을 건조시킨다.
3 150℃ 오븐에 12분 동안 굽는다.

Filling
로즈 루비 가나슈 필링

1 냄비에 생크림, 버터, 카카오버터를 넣고 가열한다.
2 살짝 녹인 루비초콜릿을 담은 비커에 붓고 초콜릿에 전체적으로 스며들 때까지 약 30초 동안 그대로 둔다.
3 핸드블렌더로 유화시킨 다음 장미 리큐어를 넣고 섞는다.
4 랩을 깐 트레이에 붓고 평평하게 펼친 뒤 표면에 밀착 랩핑하여 짜기 좋은 상태가 될 때까지 굳힌다.

Finish
마무리

1 지름 1㎝ 원형 모양깍지를 끼운 짤주머니에 로즈 루비 가나슈 필링을 채우고 코크에 꽃잎 모양으로 짠다.
2 가나슈 주위에 산딸기를 두르고 다른 한 장의 코크를 덮는다.
3 윗면에 바닐라 버터크림(p.75 참조, 분량외)을 작게 짜고 장미잎과 산딸기를 붙여 장식한다.

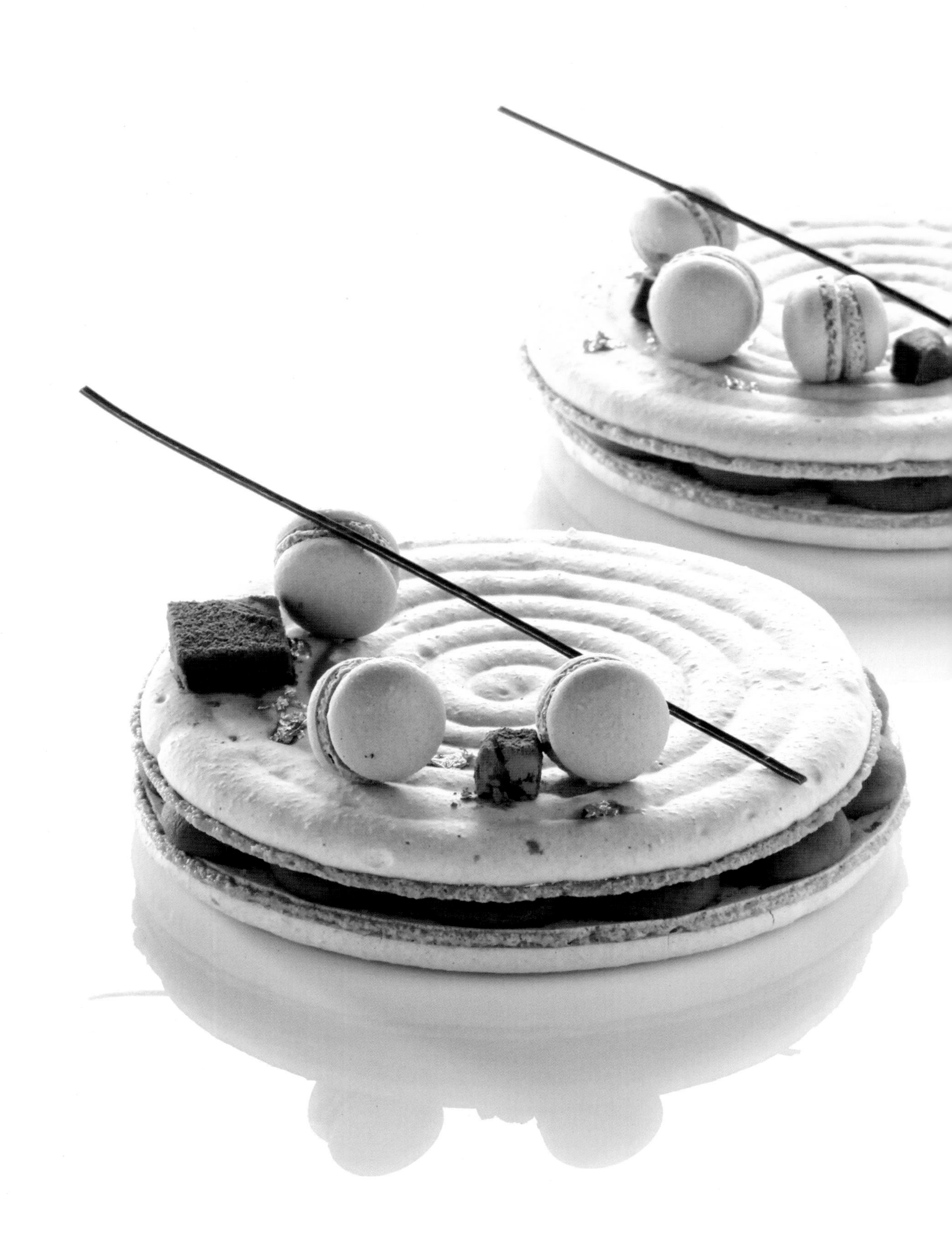

말차 이스파한

MATCHA ISPAHAN

일반적인 이스파한보다 크기가 큰 앙트르메로 완성한 마카롱이다. 특별한 날 선물하기 좋은 아이템이다.

분량
3개 분량

이탈리안 머랭 기본 코크
가나슈 필링

말차 이스파한
말차 마카롱 코크 반죽 (p.85 참조) 적당량
장식용 마카롱 적당량
식용 금박 적당량
초콜릿 장식물 적당량

말차 가나슈 필링
말차가루 13g
뜨거운 물 87g
버터 17g
전화당 8g
34% 화이트초콜릿 253g
40% 밀크초콜릿 71g

Filling 2

Coque 2

Matcha ispahan

3

4

Finish 1

2

말차 이스파한

Coque
코크

1 p.85를 참조해 말차 마카롱 코크 반죽을 만든다.
2 지름 1㎝ 원형 모양깍지를 끼운 짤주머니에 말차 마카롱 코크 반죽을 채우고 테프론시트를 깐 오븐팬 위에 지름 12㎝ 크기의 나선형으로 짠 뒤 표면을 건조시킨다. 장식용 마카롱도 따로 짠다.
3 150℃ 오븐에 15~17분 동안 굽는다.

Filling
말차 가나슈 필링

1 냄비에 말차가루와 뜨거운 물을 넣고 거품기로 덩어리지지 않게 잘 풀어가며 가열한다.
2 버터와 전화당을 넣고 녹인다.
3 화이트초콜릿과 밀크초콜릿을 살짝 녹인 뒤 2를 붓고 초콜릿에 전체적으로 스며들 때까지 30초 정도 그대로 둔다.
4 핸드블렌더로 유화시킨 뒤 랩을 깐 트레이에 붓고 평평하게 펼친다.
5 표면에 밀착 랩핑한 뒤 짜기 좋은 상태가 될 때까지 굳힌다.

Finish
마무리

1 지름 1㎝ 원형 모양깍지를 끼운 짤주머니에 말차 가나슈 필링을 넣고 코크에 꽃잎 모양으로 짠다.
2 다른 한 장의 코크를 덮은 뒤 장식용 마카롱, 생초콜릿(분량 외), 식용 금박, 초콜릿 장식물로 장식한다.

머랭은 마카롱 코크 만들기의 성공과 실패를 좌우하는 가장 중요한 요소이다.
적당하게 올린 머랭은 광택이 있고 부드럽지만 모양이 잡힐 정도로 단단하다.
거품기로 머랭을 들어 올리면 끝부분에 새의 부리 모양처럼
뾰족한 삼각형 모양이 잡히면서 끝부분만 살짝 휘어진다.

마음 놓고 쉴 수 있는 공간
자연이 함께하는 집

반려식물 인테리어

이고르 조시포비크 & 주디스 드 그라프 지음
고민주 옮김

에디트 라이프

이 책에서 영감과 정보를 얻고 실생활에 적용해보세요!
《반려식물 인테리어》는 그저 멋스럽기만 한 장식용 책이 아닙니다.
생활과 주거에 있어 가장 최선이자 멋진 방법이 될 것입니다.
그린 라이프GREEN LIFE를 위하여!

프롤로그

반려식물 인테리어 – 식물과 함께하는 인테리어 스타일링

모든 것은 2013년 파리의 한 카페에서 두 친구가 수다를 떨다 시작되었습니다. 우리는 커피를 마시며 인테리어에 대한 이야기를 나눴습니다. 집 안을 새롭게 꾸미고 장식하는 즐거움, 화초를 집에 들이고 키워가는 재미에 관한 것이었지요. 그러다 우리는 공통의 열정을 발견했어요. 우리 둘 다 식물을 엄청 사랑한다는 사실을 깨닫게 되었죠.

그 자리에서 우리는 매달 식물을 주제로 아이템을 하나씩 선정해 인테리어 스타일링을 제안하는 블로그를 운영해보자는 아이디어를 떠올렸습니다. 블로그를 시작하고 한 달 정도 지나자 다른 블로거들이 우리와 함께하고 싶다는 문의를 해왔어요. 이후로도 많은 식물 애호가들이 우리 블로그에 꾸준히 유입되었고, 정확히 3년 뒤 오늘, '어반 정글URBAN JUNGLE'은 유럽 전역과 미국, 브라질 그리고 뉴질랜드 등 전 세계 1,200명 이상의 식물 애호가들과 블로거들이 열정적으로 정보를 공유하는 블로거 커뮤니티가 되었습니다.

이 책《반려식물 인테리어》는 오랜 시간 기다려온 선인장 꽃 같은 것입니다. 3년간 우리는 수많은 커뮤니티 회원들과 더불어 '그린 라이프'와 식물 인테리어(플랜테리어)에 관한 기발하고 신선한 아이디어들을 제안하고 구현해왔습니다. 전 세계 수백 개에 이르는 '어반 정글'들을 들여다보았고, 독특한 식물 인테리어 아이디어들을 꼼꼼히 살피며 나름의 평가를 해나갔으며, 식물 관리 요령들을 서로 공유해왔습니다. 그리고 마침내 이 모든 독창적인 내용들을 이 책 한 권에 담아내게 되었습니다. 그 결과물이 바로 지금 당신의 손에 들려 있습니다.

이 책에서 우리는 '반려식물 인테리어'에 대한 반짝이는 영감을 안겨줄 유럽의 다섯 가정을 방문합니다. 그 집 주인들에게 바짝 다가가 식물에 관한 이야기, 관리 요령, 스타일링 아이디어를 귀담아 듣고 꼼꼼히 기록했습니다. 그들의 식물 인테리어 비결과 팁을 이 책에서 모조리 공개합니다. 또한 우리는 어반 정글 블로거 커뮤니티 회원들에게 식물 스타일링 아이디어와 DIY 프로젝트, 녹색 소품들을 소개해달라고 요청해 많은 관련 정보들도 수집해왔습니다.

이 책은 커피 한 잔 마시면서 휙휙 넘겨보고 마는 그런 책이 아닙니다. 11가지 식물에 관한 설명과 손쉬운 식물 관리 요령도 포함되어 있으니까요. 또한 단순한 식물대백과 사전도 아닙니다. 더 많은 식물을 집에 들이고 가꾸며 함께하고 싶어하는 사람들을 위한 책입니다. 초보자건 전문가건 상관없습니다. 우리는 이른바 '식물 키우기 선수'라는 개념을 믿지 않습니다. 누구든 식물과 함께하고 돌볼 수 있다고 믿습니다. 당신에게 필요한 모든 것은 올바른 정보입니다. 그리고 이 책은 그 올바른 방향의 첫 걸음입니다.

이 책에서 식물 인테리어에 대한 영감과 정보를 얻고 '그린 라이프'를 즐겨보세요.《반려식물 인테리어》는 단순한 책 이상의 것입니다. 파릇파릇하고 꿈꾸는 듯한 나만의 '도시 정원(어반 정글)'으로 가는 편도 티켓입니다.

이고르 & 주디스

URBANJUNGLEBLOGGERS.COM

AT HOME WITH

마리예 & 에버트

알펀안덴레인 / 네덜란드

암스테르담 근교 공기 맑고 싱그러운 곳

네덜란드 '녹색심장(green heart)'의 중심부, 튤립 밭과 온실 그리고 풍차가 지척에 있는 곳에서
마리예와 에버트는 두 마리의 고양이와 50개의 식물들과 함께 살고 있다.
알펀안덴레인의 주변은 네덜란드의 전형적인 모습인 데 반해,
이 창의적인 커플의 집은 틀에 박히지 않고 현대적이다.

∨ 마리예와 에버트는 아늑하고 컬러풀한 집에서 두 마리 고양이 데프와 모스(사진은 아님)와 함께 산다.

아내 마리예는 빈티지풍 재활용 가구와 도자기를 판매하는 온라인 숍을 운영하고 있으며, 패션 스타일리스트로 활동하는 포토그래퍼이자 블로거다. 남편 에버트는 패션 브랜드의 비주얼 머천다이저로 일하고 있다. 이 커플의 스타일에 대한 감각은 집 안 곳곳에서 느낄 수 있다. 어디를 둘러봐도 따분하거나 지저분해 보이는 곳이 없다.

마리예는 공간에는 항상 어느 정도 생기가 있어야 한다고 생각한다. 그녀는 페인트와 붓을 들고 민트색이나 야자나무 초록색 같은 컬러로 거침없이 벽을 칠한다. 가장 최근에는 드레스 룸에 더스티 핑크색을 활용했다. 이 컬러는 카멜색 액세서리와 짙은 녹색의 알로카시아와 유포르비아 트리안굴라리스(EUPHORBIA TRIANGULARIS, 오채각)와 매우 잘 어울린다.

중고품 가게에도 멋스러운 화분들이 많아요. 저는 그곳에서 찾아낸 화분과 원예상가에서 구입한 현대적인 화분을 조합해 공간을 꾸밉니다.

SEE PAGE 92

< 마리예는 '핑크빛과 완벽한 조화를 이룬 식물'을 구현하기 위해 빈티지 가구에 연한 핑크색을 칠했다.
∧ 벽에 기대놓은 그림 작품의 선들은 마란타 잎의 핑크색 직선패턴을 반영한 것이다.

∨ 양치식물과 다육식물, 선인장,
그리고 천장에 매달아놓은 립살리스가
아프리카에서 가져온 몇몇 빈티지
친구들과 잘 어우러져 있다.

키우던 식물이 죽어버리면
몹시 안타까운 건 사실이지만
그렇다고 너무 낙담할 일만은
아닙니다. 새 것을 들여놓을
구실이 하나 생긴 셈이니까요.

< 블루스타고사리와 두 개의 알로에 베라로 욕실이 멋진 스파 휴식처로 바뀌었다.

ㄴ 이 집의 다락방에는 마리예가 수집한 빈티지 가구와 도자기, 디너세트들이 있다. 그녀는 자신이 운영하는 온라인 숍 '마이애틱My Attic'과 시장, 페스티벌에서 이것들을 판매한다.

V 현대적인 도자기 화분이 빈티지 화분과 함께 나란히 놓여 있다.

지붕 밑 2층 다락방은 마리예의 보물 창고다. 그녀는 빈티지 디자인에 대한 열정과 스타일을 보는 안목을 발휘해 네덜란드, 독일, 벨기에, 프랑스의 벼룩시장과 중고품 가게에서 최고의 빈티지 도자기와 가구를 공수해온다. 그런 다음 그 가구에 네덜란드의 패브릭FEBRIK 사에서 구입한 현대적인 디자인의 원단을 씌우고 연한 핑크색, 브라운색, 민트색 등의 컬러를 입힌다. 그녀는 현대적인 공간에 빈티지한 디자인을 활용하면 차분한 분위기를 연출할 수 있다고 말한다. 이것을 시현하기 위해 그녀는 유럽 각지에서 찾아낸 빈티지한 소품들과 디자인 숍과 독립 디자이너들에게서 구입한 모던한 오브제들을 적절히 섞어 배치한 뒤 고객과 블로그 구독자들에게 선보인다.

원예 숍에 들를 때면 마리예는 빈손으로 나오는 법 없이 꼭 새로운 녹색 친구와 함께 집으로 돌아온다. 집에도 이미 50여 개의 식물이 있지만 그렇다고 집 안이 울창한 밀림 같지는 않다. 그녀는 욕실을 비롯해 집 안 모든 공간에 식물을 놓아둔다. 새둥지 고사리인 아스플레니움 니두스(아비스)는 습하고 다소 그늘진 곳에서도 잘 자란다. 집에 식물들만 지나치게 많아 보이는 것을 피하기 위해 마리예는 빈티지한 선인장 사진이나 테라리엄 일러스트나 금색 선인장 모형 같은

알고 있나요?

대부분의 립살리스는 자라면서 아래로 처지지만, 위쪽으로 자라거나 불규칙하게 뻗어나가는 것들도 있습니다. 립살리스를 선인장과 적절히 섞어 배치하면 색다른 어울림을 연출할 수 있습니다.

EXPERT TIPS

5가지 질문

마리예

1 식물과 함께 생활하는 것-이것은 의식적으로 선택한 라이프 스타일인가요, 아니면 생활에 자연스럽게 스며든 삶의 방식인가요?

일부러 선택한 건 아니에요. 수년에 걸쳐 차츰 저절로 생활의 일부가 된 거죠. 집 안에 하나둘씩 식물들을 들여놓는 게 점점 더 좋아지기 시작했어요. 지금은 우리 집에 식물이 없는 모습을 상상할 수도 없어요. 저는 모든 공간을 식물로 장식하기를 좋아합니다. 그리고 실제로 모든 방에 식물들을 놓아두었고요.

2 당신 집의 스타일을 어떻게 설명할 수 있나요?

여러 요소를 절충한 인테리어라고 할 수 있지 않을까요? 스칸디나비안 디자인, 빈티지, 그래픽 요소들과 프린트, 상큼한 파스텔 톤과 약간의 보헤미안 스타일이 혼합되어 있거든요. 제 스타일에 어떤 이름을 붙여야 할지는 모르겠어요. 저는 그냥 제 직감을 따르고, 마음에 드는 것이 생기면 이미 가지고 있는 것들과 적절히 섞어서 배치해요. 그러면 의외로 재미있는 조합이 탄생하곤 하죠. 그리고 저는 컬러를 좋아해요. 지금 제가 꽂혀 있는 컬러는 황토색, 민트빛 그린 그리고 옅은 핑크색이에요. 흰색이 많이 들어간 톤이죠. 제가 찾아낸 빈티지 소품들이 이런 색조와 대비되어 더 튀어 보이거든요. 물론 여기에는 상당량의 초록이 늘 함께하고요.

3 집에 예쁜 식물들이 참 많아요. 이것들을 다 어떻게 모으신 거죠?

새로운 식물을 찾을 때 저는 주로 모양과 구조를 봐요. 자연이 디자인해놓은 것에 매번 놀라곤 하죠. 몇몇 식물의 잎들에서는 예술 작품 못지않은 아름다운 라인들을 볼 수 있어요. 한 번도 본 적 없는 전혀 새로운 종류의 식물들도 자주 눈에 띕니다-원예점에서 파는 식물들 중에 정말 신기한 것들이 많거든요. 저는 수년에 걸쳐 이 식물들을 집에 들였어요. 처음에는 선인장을 키우기 시작했어요. 돌보기도 쉽고, 당시 굉장히 유행하고 있었거든요. 선인장의 인기는 지금도 계속되고 있고, 제 생각에 이 유행이 조만간 사그라질 것 같지는 않아요.

4 이 집에 있는 식물들 중에 특별히 좋아하는 게 있나요? 그 이유는요?

우리 집에 꽤 큰 유포르비아가 있는데, 처음 키우기 시작한 식물들 중 하나이고, 상당히 오랫동안 함께해왔죠. 그래서 유난히 마음이 갑니다. 안타깝게도 더는 크지 않네요. 전 더 크게 자라도 상관없는데 말이죠.

5 식물들 관리는 어떻게 하고 있나요?

규칙적으로 물을 주려고 애쓰고 있어요. 하나도 빼먹지 않고 모두에게 쉽고 효율적으로 물을 주기 위해 층마다 손 닿는 곳에 물뿌리개를 놓아둬요. 식물들마다 제각기 관리법이 다르다고 알고 있어요. 저는 대개 흙을 만져보고 물 줄 때가 되었는지 여부를 파악해요. 그리고 오래된 잎들은 보일 때마다 떼어냅니다. 영양분을 쓸데없이 잡아먹거든요.

스타일링 팁

모양과 크기, 구조가 다른 식물들을 조합해서 배치해보세요.
꽤 괜찮은 인테리어 효과를 낼 수 있습니다.
빈티지, 복고풍, 모던한 스타일 등 서로 다른 화분들을
적절히 섞어놓기만 해도 멋진 인테리어가 완성됩니다.
또는 화분의 색상을 모두 같은 톤으로 맞추면
통일감을 줄 수 있습니다.

걸이 화분 HANGING PLANTERS 만들기

선반이나 창턱에는 화분 놓을 공간이 부족할 수 있지만, 걸이 화분을 위한 공간은 얼마든지 있게 마련이다. 천장, 벽, 창문 혹은 자주 사용하지 않는 문손잡이 등에 걸어놓으면 된다.

∧ 토분 같은 일반적인 화분은 마크라메 행어와 매우 잘 어울린다. 바닥이 둥근 샐러드 볼도 잘 어울린다.

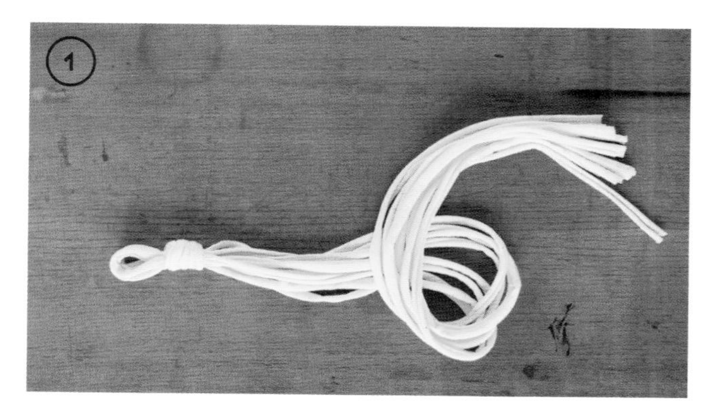

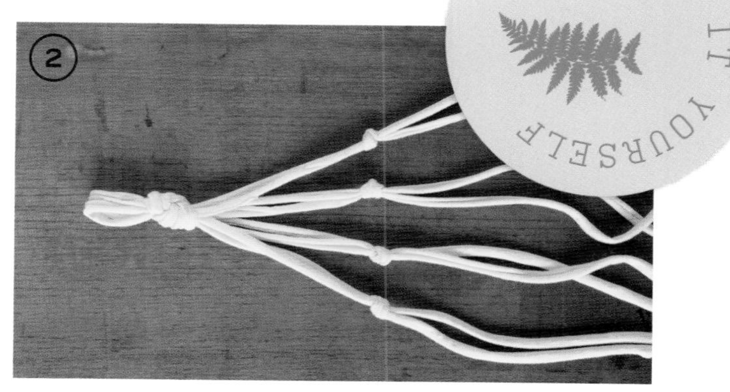

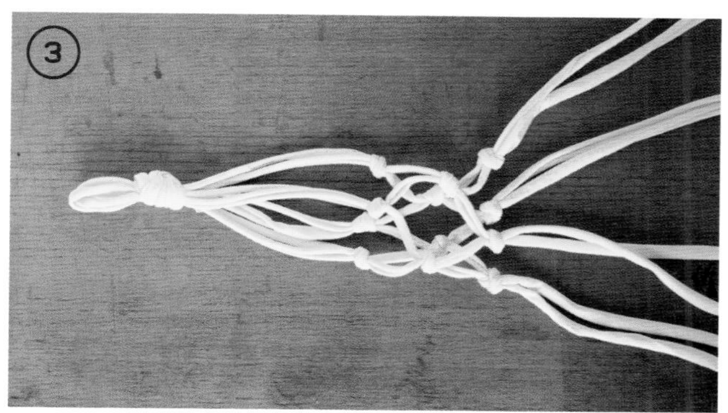

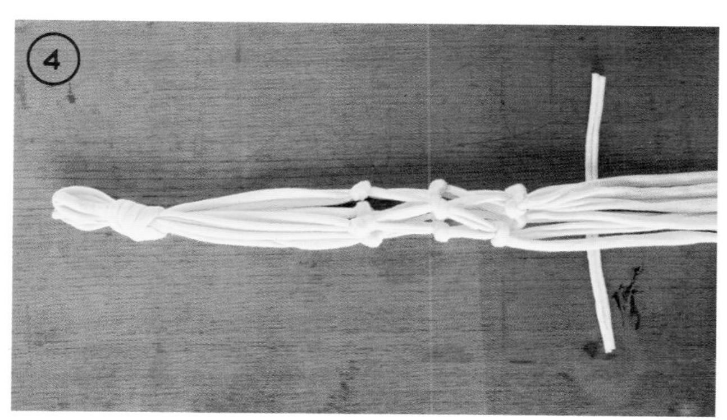

① 3미터 정도의 패브릭 끈 4가닥을 준비한다. 끈들을 한꺼번에 반으로 접고, 접힌 부분 끝 쪽을 묶어 큰 매듭 하나를 만든다. 매듭 위쪽으로는 어딘가에 걸 수 있는 고리가 생기고 아래로는 8가닥의 끈이 생긴다. 참고로, 매듭 위쪽에 생긴 고리를 벽에 박힌 못이나 문고리에 걸면 다음 단계의 작업이 좀 더 수월해진다.

② 8가닥의 끈을 2개씩 4개의 그룹으로 나눈다. 그리고 기존 매듭 아래로 40cm 되는 지점에서 한 쌍씩 끈을 묶어 매듭을 만든다. 네 개의 매듭이 나란히 수평을 이루도록 하고, 각 매듭이 단단히 묶였는지 확인한다.

③ 두 번째 매듭을 기준으로 8~10cm 아래에, 기존의 한 쌍인 끈에서 한 가닥씩 바로 옆의 끈을 잡아 묶어 매듭을 만든다. 이런 식으로 총 네 쌍의 매듭을 만든다. 그러면 끈들 사이에 지그재그 패턴이 만들어진다. 화분 크기에 맞춰 이 단계를 한두 차례 반복한다.

④ 마지막으로, 8가닥의 끈을 동일한 직물에서 자른 끈으로 묶거나 모든 끈을 하나로 묶어 최종적인 큰 매듭을 만든다. 각각의 끈을 하나하나 잡아당기면서 매듭이 최대한 단단해지도록 한다. 최종 매듭 아래로 남은 끈은 가위로 원하는 길이만큼 자른다. 비즈나 리본을 이용해 스타일이나 질감을 추가할 수도 있다.

여기에서는 오래된 면 티셔츠를 이용했다. 티셔츠 한 장이면 플랜트 행어 하나를 만들기에 충분하다. 바닥이나 테이블 위에 티셔츠를 평평하게 올리고 소매를 잘라낸다. 그런 다음 아랫단에서부터 대각선 방향으로 티셔츠를 자른다. 끈의 폭은 15~20mm 정도가 적당하다. 그러면 아주 긴 끈이 만들어진다. 그것을 살짝 잡아당겼다 놓으면 잘 말려 올라갈 것이다.

PLANT PORTRAIT

선인장
CACTUS PLANTS

최신 유행을 반영한 개성 있는 부티크나 평소 즐겨 찾는 카페 테이블 위, 혹은 친구 집 창틀 등 요즘은 어디에서나 여러 종류의 다육식물들과 함께 놓여 있는 선인장을 볼 수 있는 듯하다. 어쩌면 당신 집에도 선인장이 있을지 모르겠다. 선인장이 이런 인기를 구가하는 데는 당연히 이유가 있다. 키우기 쉬울뿐더러(그렇지만 관리할 필요가 없다는 말은 절대 아니다!) 토끼 귀 모양이나 쿠션 모양 등 다양한 컬러와 형태를 갖추고 있기 때문이다.

< 사진 속에서 선인장은 멋진 자태를 뽐낸다–그리고 빈티지 카메라 옆에서도 마찬가지!

> 1970년대의 소품 없이도 선인장을 복고풍으로 꾸미고 싶다면 매끈하게 잘 빠진 현대적인 모양의 빈티지한 도자기를 찾아보라.

가시가 있다고 해서 모두 선인장으로 오인해선 안 된다. 유포르비아와 아가베처럼 선인장과에 속하지 않으면서 가시를 가지고 있는 다육식물들도 많다. 또한 로포포라 같은 선인장들은 가시가 아예 없다. 모든 선인장은 다육식물이지만 모든 다육식물이 선인장은 아니다.

선인장과에 속하는 식물들의 두드러진 특징은 가시자리다. 자시자리는 가시와 표피의 털(돋아난 가시), 가지, 꽃들이 자라 나오는 곳이고, 모든 선인장에는 가시자리가 있다. 반면 선인장 이외의 다육식물들에는 자시자리가 없다. 가시자리는 쉽게 찾아볼 수 있다. 선인장의 몸통에 돋아난 돌기 같은 것으로 대개 짧은 솜털이 나 있다.

많은 사람들은 사하라처럼 물이 극히 드문 사막에서 선인장이 자란다고 생각하지만 그건 오해다. 선인장이 물 없이도 살 수 있다는 인식은 물이 극히 드문 곳이나 드물게 공급되는 건조한 지역에서도 살아남는 능력에서 비롯된 것이

선인장은 단독으로 있을 때든 다른 반려식물 사이에 섞여 있을 때든 우리 눈길을 단번에 사로잡는 존재감을 과시한다.

다. 하지만 실제로는 선인장의 생존에 물은 필수요소다! 선인장을 건강하게 잘 키울 수 있는 핵심 비결은 물을 최대한 주지 않는 것이 아니라 물이 지나치게 많이 공급되지 않도록 주의하는 것이다.

선인장에는 사실상 두 종류가 있다. 사막 선인장은 '선인장'이란 말을 들으면 우리 머릿속에 즉각 떠오르는 바로 그런 것들이다. 이 선인장은 아메리카 대륙의 건조한 지역과 그 주변 섬들에서 유래했다. 그리고 밀림 선인장이 있는데, 이것들은 우리가 흔히 선인장에 적합하지 않을 것이라 생각하는 환경과 열대 우림 지역에서 자란다. 밀림 선인장은 중앙아메리카와 남아메리카의 열대 밀림에서 발원했고 대체로 나무나 바위에서 자란다. 가장 흔히 볼 수 있는 밀림 선인장은 크리스마스 선인장과 립살리스다.

앗! 따가워. 가시에 찔렸어!

야생에서 선인장의 가시는 초식동물로부터 스스로를 보호하는 방패막이 구실을 하며, 공기가 닿는 면적을 줄여 수분 손실을 방지하는 역할을 한다. 그러나 가정에서 선인장 가시는 다루기 난해한 측면이 있다. 나중에 손에 박힌 가시를 핀셋으로 뽑아낼 일 없도록 안전하게 선인장을 분갈이하는 요령이 있다. 광택이 있는 잡지 몇 장으로 선인장을 감싼다. 그런 다음 조심스럽게 선인장을 새 화분으로 옮기면 된다. 작고 솜털 같은 가시자리를 가진 선인장을 다룰 때는 특히 조심해야 한다. 그것들에 찔려서 따끔거려도 눈에 잘 보이지 않기 때문에 제거하기 쉽지 않기 때문이다. 이 경우에는 강력 테이프를 사용해 피부에서 잔가시를 뽑아내면 된다.

이렇게 가시가 돋아 있다는 특징에도 불구하고 선인장은 초보든 선수든 상관없이 누구에게나 아주 훌륭한 실내식물이다. 집 안 어느 곳에 두어도 마치 조각 같은 자태를 뽐내면서도 이 정도로 최소한의 관심과 관리를 필요로 하는 식물은 거의 없다. 선인장은 한두 개만 달랑 놓아두든 여러 개를 모아 놓든, 혹은 다른 반려식물들 사이에 섞어 놓든 단연 눈길을 사로잡는 최고의 반려식물이다.

∨ 선인장과 다육식물의 다른 점: 선인장의 몸통에는 작고 솜털 같은 돌기 모양의 가시자리가 있다.
> 선인장은 물을 많이 필요로 하지 않기 때문에 배수구멍이 없는 찻잔이나 커피잔에 키울 수 있다(바닥에 찰흙으로 만든 배수 볼을 사용한다).

알고 있나요?

선인장은 가정에 행복과 아름다움을 더해주지만 공기를 정화하는 기능은 없습니다. 그렇긴 해도 선인장은 분명 완벽한 초록 룸메이트입니다.

관리 요령

장소: 창문 가까운 곳.
선인장은 많은 햇빛을 필요로 한다.

온도: 서리만 피할 수 있다면 어떤 온도든 좋다.

물 주기: (봄에서 가을까지) 성장기 동안에는 물이 화분 밖으로 흘러나올 때까지 듬뿍 준다. 단, 화분 밖으로 흘러나온 여분의 물이 화분 받침에 계속 고여 있게 두면 안 된다. 그리고 흙이 완전히 마를 때까지 기다렸다가 다시 물을 준다. 물을 너무 많이 주면 선인장이 썩기 시작한다.

4월 – 10월: 지름 5cm 이하의 화분에서 키우는 선인장의 경우, 기온과 일광노출을 감안해 3–8일에 한 번씩 물을 준다. 지름 30cm 이상의 화분일 경우 10–20일마다 물을 준다.
11월 – 3월: 여름철보다 물의 양을 더 적게 준다. 지름 5cm 이하의 화분일 경우, 기온을 감안해 1–2주마다 한 번씩 작은 컵 한 컵 분량의 물을 준다. 지름 30cm가 넘는 화분의 경우에는 2–4주마다 1리터의 물을 준다.

비료: 대부분의 선인장들은 비료를 주지 않아도 된다. 그러나 성장기 동안에는 2–4주에 한 번씩 물을 줄 때 액체비료도 함께 챙겨주는 것이 좋다.

PLANT PORTRAIT

다육식물

SUCCULENTS

한창 인기몰이 중이며 어디서든 쉽게 볼 수 있는 다육식물은 반려식물을 이야기하면서
결코 빼놓을 수 없는 필수 아이템이다. 두툼한 장미 모양의 그래픽 아트 같은 에케베리아부터
기다란 선인장 모양에 이르기까지 다육식물은 다양하고 많은 종들이 있다.

다육식물은 건조한 환경을 견디기 위해 잎과 줄기에 물을 저장한다. 대부분은 물 저장탱크 기능을 하는 두꺼운 잎과 줄기를 가지고 있지만, 다수의 다육식물은 왁스칠을 한 듯한 잎이나 얇고 가는 털을 지닌 덕분에 증산작용에 의한 수분 손실을 줄일 수도 있다.

식물 쇼핑을 나가서 에케베리아를 그냥 지나치기란 쉽지 않은 일이다. 에케베리아는 색상도 다양할 뿐 아니라 장식 효과도 매우 뛰어나다(특히 인스타그램용 테이블 샷을 찍기에 딱 좋다). 게다가 가격 또한 아주 저렴하다. 단, 구입 당시에는 아주 멋진 모양이었다가 몇 주 혹은 몇 달 사이에 모양과 색상이 달라지는 경우가 종종 있으니 주의할 필요가 있다.

ㄱ *자그마한 예쁜 컵과 용기들은 에케베리아와 미니 선인장을 키우기에 딱 좋다.*
> *와우! 화분과 유리 돔이 한데 섞여 어우러져 있고 '진주목걸이String of Pearls'라는 이름의 다육식물이 서랍에서 자라고 있다.*

< 세둠Sedum과 같은 특정 종류의 다육식물은 기온이 너무 낮거나 햇빛이 과도할 경우 붉은색으로 변한다. 일종의 천연 자외선 차단 기능인 셈!

v 덩굴성 다육식물인 녹영Senecio rowleyanus이 가죽 끈이 달린 유리 행어에서 자라고 있다.

> 운이 좋다면 다육식물에서 꽃이 활짝 피어나는 모습도 볼 수 있다. 이를 위한 최적의 조건은 겨울철에 약 15도의 온도에서 동면을 취하도록 해주는 것이다.

다육식물은 충분한 햇빛을 받지 못하면 웃자란다. 또한 햇빛이 부족한 여건에서는 더 빨리 자라는 경향이 있다. 이 경우 처음에는 다육식물이 광원 쪽으로 휘어진다. 그렇게 계속 자라면서 점점 더 키가 커지고 잎들 사이에 더 많은 공간이 생기게 된다. 그러면 잎들이 작아지고 색채도 강도를 잃게 된다. 만일 자주색이나 핑크, 붉은색 에케베리아를 구입했다면 특히 실망스러울 것이다!

당신은 다육식물이 가능한 많은 간접광을 받게끔 해주고 싶을 것이다. 특히 어두운 겨울 동안에는 약간의 늘어짐 없이 키우기란 거의 불가능하다. 이 때 다육식물에게 더 많은 빛을 쏘여주기 위해 조명을 사용할 수 있다. 벌보(BULBO: 실내 채소 재배용 LED 조명 기구를 파는 브랜드)와 같은 스타일리시안 제품들이 시중에 많이 나와 있다.

알고 있나요?

진주목걸이라 불리는 다육식물의 진주알처럼
생긴 것들은 사실 잎입니다. 다른 다육식물들처럼
'진주목걸이'도 잎에 물을 저장하는데,
그 잎들이 동글동글 무척 귀엽게 생겼습니다.
마치 완두콩처럼 맛있게 보이지만, 인간과 동물에게
해로운 독성을 지니고 있으므로
어린아이와 애완동물의 손이 닿지 않는 곳에
놓아두세요.

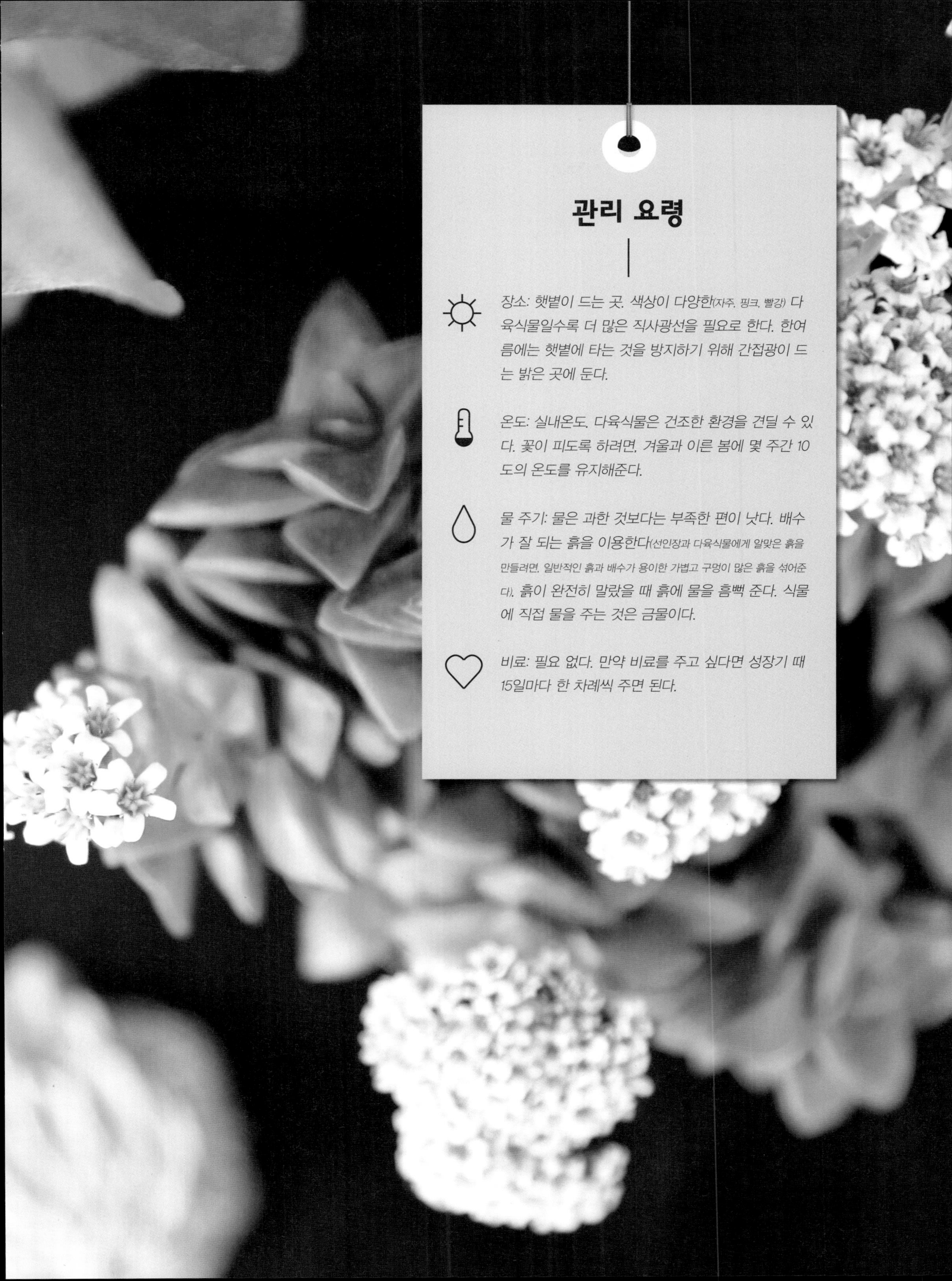
관리 요령
장소: 햇볕이 드는 곳. 색상이 다양한(자주, 핑크, 빨강) 다육식물일수록 더 많은 직사광선을 필요로 한다. 한여름에는 햇볕에 타는 것을 방지하기 위해 간접광이 드는 밝은 곳에 둔다.
온도: 실내온도. 다육식물은 건조한 환경을 견딜 수 있다. 꽃이 피도록 하려면, 겨울과 이른 봄에 몇 주간 10도의 온도를 유지해준다.
물 주기: 물은 과한 것보다는 부족한 편이 낫다. 배수가 잘 되는 흙을 이용한다(선인장과 다육식물에게 알맞은 흙을 만들려면, 일반적인 흙과 배수가 용이한 가볍고 구멍이 많은 흙을 섞어준다). 흙이 완전히 말랐을 때 흙에 물을 흠뻑 준다. 식물에 직접 물을 주는 것은 금물이다.
비료: 필요 없다. 만약 비료를 주고 싶다면 성장기 때 15일마다 한 차례씩 주면 된다.

∨ 창의적인 커플 제스카와 딘이 현관 앞에서 행복한 웃음을 짓고 있다.

영국해협의 백악질 절벽에 위치한 이 집은 주인에 대해 시각적으로 잘 설명해준다. 제스카는 블로거이자 스타일리스트 및 포토그래퍼로 활동 중이고, '퓨처 켑트THE FUTURE KEPT'라는 온라인 숍을 운영하고 있다. 딘은 프리랜서 그래픽 디자이너, 웹디자이너 및 포토그래퍼로 일한다. 그리고 제스카의 온라인 숍 일을 돕고 있다.

2013년부터 제스카와 딘은 야생의 커다란 뒤뜰이 있는 방갈로에서 살고 있다. 이 창의적인 커플은 둘 모두에게 집이자 일터인 그곳을 계속해서 바꾸고 재배치한다. 아늑한 실내에 들어서자마자 우리를 사로잡는 것은 제스카와 딘이 공유하는 삶의 철학과 태도이다. 그들의 지속가능한 삶의 방식은 집 안 곳곳에서 또렷이 엿볼 수 있다. 빈티지한 가구가 벼룩시장에서 찾아낸 소품들과 잘 어우러져 있고 소박한 색조가 지배적이다. 공들여 수집한 도자기는 싱싱한 화초들과 함께 나란히 장식되어 있다. 제스카는 작은 다육식물과 무성한 고사리부터 잎이 많은 몬스테라, 떡갈고무나무, 칼라데아 오르비폴리아에 이르기까지 다양한 식물들을 건강하게 키우고 있다.

∧ 빅토리안 풍의 앤티크한 유리 캐비닛은 소품을 장식할 유니크한 기회를 제공해준다. 아이비의 전형적인 특성인 길게 늘어진 모습과 아주 잘 어울린다.

> 작업 공간에서 제스카와 딘은 고객이 주문한 것들을 배송할 준비를 한다. 식물과 잡지, 포장 재료들과 리본은 호기심 많은 고양이들의 손이 닿지 않도록 높은 선반 위에 놓아둔다.

제가 가장 좋아하는 식물은 친구 사라 루가 작년에 준 트라데스칸티아 제브리나(얼룩자주달개비)**입니다. 친구가 작게 잘라 삽목해서 준 것인데, 무럭무럭 자라서 어느새 길게 늘어진 아름다운 자태를 갖추게 되었죠. 그걸 보면 친구 생각이 나서 늘 미소 짓게 됩니다. 식물은 그런 생각을 불러일으키는 좋은 선물입니다.**

SEE PAGE 120

∨ 어린 몬스테라 델리시오사가
침실 한쪽 구석에 자기만의
공간을 확보하고 있다.

SEE PAGE 60

∧ 야자와 진주목걸이, 꽃이 핀 제라늄과 길게 늘어진 양치식물 그리고 큰 조개껍데기가 놓인 욕실 한켠은 해변을 연상시킨다.

ㄱ 제스카의 침실용 협탁에는 테라리엄(밀폐된 유리그릇이나 아가리가 작은 유리병 따위의 안에서 작은 식물을 키우는 방법: 만드는 방법은 57쪽에 나와 있다), 하워르티아, 향초, 초콜릿 바, 빈티지한 액자가 자리하고 있다.

∧ 세네시오 클레인니포르미스가 놋쇠로 만든 빈티지한 화분에 심어져 있다. 그 모습이 우아해 보인다.

집 안에 식물이 많긴 하지만 압도적인 느낌이나 복잡하다는 생각은 전혀 들지 않는다. 스타일리스트로서 높은 안목을 지닌 제스카는 여백의 미를 충분히 살리면서도 모든 공간에 식물을 적절히 배치해두고 있다.

이 집의 식물 스타일링은 심플하면서도 동시에 세련미가 돋보인다. 양치식물과 빈티지한 화병 3개가 마치 노련한 관현악단처럼 완벽한 조화를 이루고, 열대식물은 폴리네시안 여인의 초상화와 아주 잘 어우러지며, 커다란 스테파노티스는 편안해 보이는 의자 뒤에서 초록색 가지를 길게 늘어뜨리고 있다. 그 스타일링 비결은 명백해 보인다. 식물 스타일링은 특정 테마 하에 구성되고 적절한 장식품들이 그 테마를 더욱 풍성하게 뒷받침해줄 때 최상의 효과를 발휘한다. 한편, 몸집이 큰 실내식물은 단독으로 그 위용을 뽐내고 싶어하며 자기만의 공간을 필요로 하고, 그럴 때 가장 강력한 시각적 효과를 가져다준다.

제스카의 창의성은 딘의 손재주와 만나 심플하면서도 독창적인 DIY 아이디어로 거듭난다. 제스카는 값비싼 테리리엄 용기나 특별한 도구 없이도 깜찍한 테라리엄을 만들어왔다.

^ 짙은 차콜색 벽이 팔손이*Fatsia japonica*의 어두운 녹색을 한층 돋보이게 해준다. 빈티지한 인쇄물과 그림. 매우 오래된 거울은 이 거실 공간에 보헤미안 풍의 매력을 불어넣어 준다.

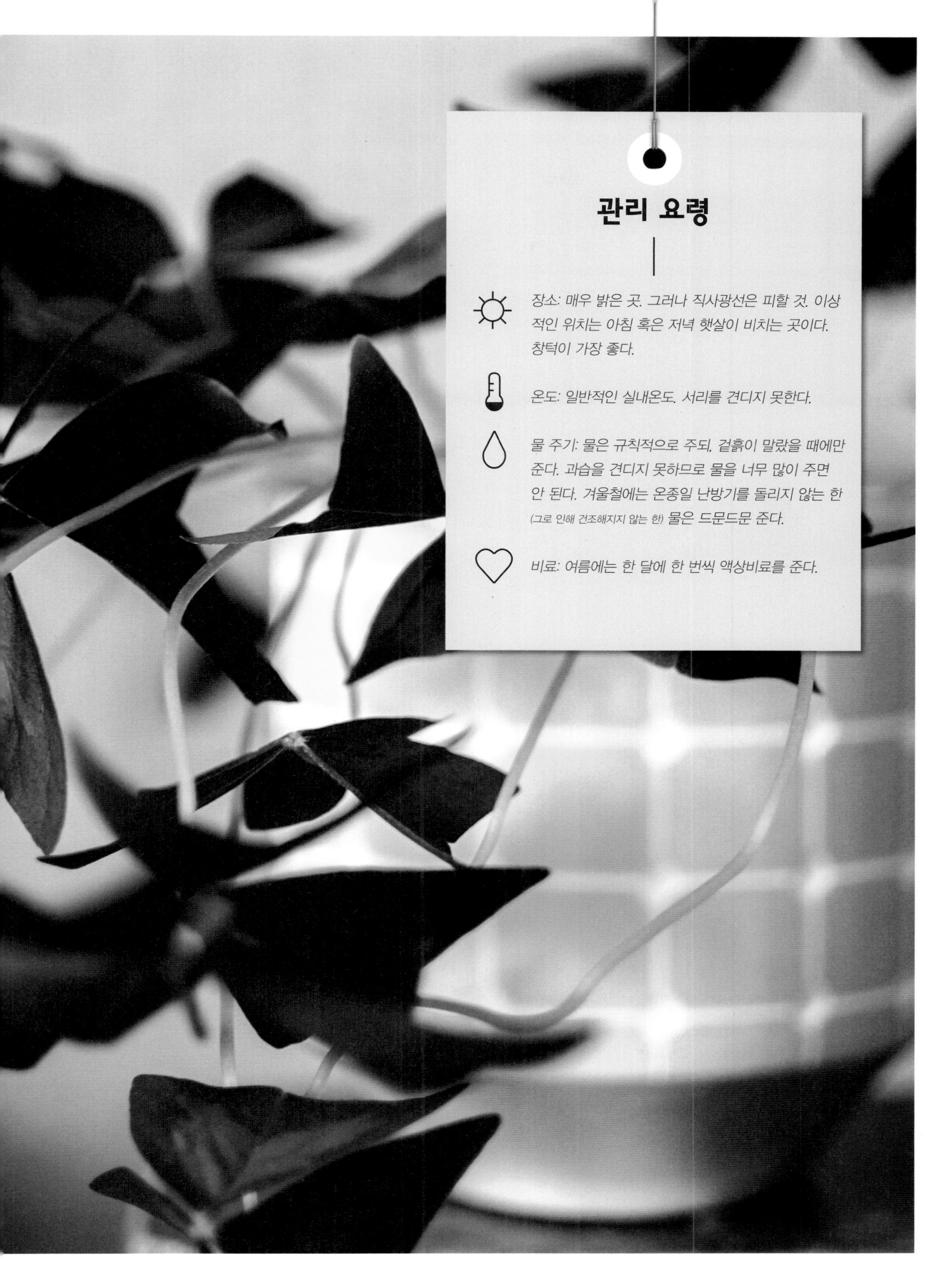
관리 요령
장소: 매우 밝은 곳. 그러나 직사광선은 피할 것. 이상적인 위치는 아침 혹은 저녁 햇살이 비치는 곳이다. 창턱이 가장 좋다.
온도: 일반적인 실내온도. 서리를 견디지 못한다.
물 주기: 물은 규칙적으로 주되, 겉흙이 말랐을 때에만 준다. 과습을 견디지 못하므로 물을 너무 많이 주면 안 된다. 겨울철에는 온종일 난방기를 돌리지 않는 한 (그로 인해 건조해지지 않는 한) 물은 드문드문 준다.
비료: 여름에는 한 달에 한 번씩 액상비료를 준다.

STYLING TIPS

몬스테라 델리시오사
MONSTERA DELICIOSA

정글의 여왕이 다시 전성기를 맞이하고 있다. 스위스 치즈 플랜트라고도 불리는 몬스테라는
1960년대와 1970년대에 크게 각광받았던 실내식물이다.
오늘날 몬스테라는 구시대의 이미지를 영원히 벗어던지고 전 세계 가정을 화려하게 장식하고 있다.
이 식물은 다재다능한 스타일링 역량을 지니고 있으며,
컬러풀한 보헤미안 스타일은 물론 북유럽 풍 인테리어에도 아주 잘 어울린다.

∨ 몬스테라 델리시오사는 밖으로 뻗은 뿌리로 지지대를 타고 올라가는 넝쿨식물이다. 몬스테라가 굽어져서 줄기가 상하는 것을 방지하려면 지지대를 세워주어야 한다.

**몬스테라 델리시오사는
나이가 들수록 잎이 커지고
찢어진 구멍이 늘어납니다.**

스타일링 팁

몬스테라 델리시오사의 화분만 바꿔도 집 안 인테리어의 일부로 간단히 편입시킬 수 있습니다. 쿨한 단색 화분은 북유럽 스타일과 잘 어울리고, 심플한 토분이나 나무 바구니는 내추럴 혹은 보헤미안 스타일의 집에 아주 적합합니다. 몬스테라가 아직 충분히 성장하지 않은 상태라면 스툴 위에 올려놓아도 좋습니다. 사실 이곳이야말로 정글의 여왕에게 꼭 맞는 왕좌라 할 수 있죠.

↖ 그래픽 느낌을 주려면 블랙 앤 화이트 철제 바스켓에 몬스테라를 담아보자.
∧ 몬스테라 델리시오사는 심플한 스툴 위에 올려놓으면 정글 특유의 매력으로 이목을 사로잡는다.

몇 가지 식물만
적절히 배치해놓아도
미니멀한 스타일링에 생기를
불어넣을 수 있어요.

∨ 삶의 작은 기쁨: 식물들에 둘러싸인 식탁에서 가족이 함께 작품을 그려가는 것.

EXPERT TIPS

5가지 질문

페퍼

1 **식물과 함께 산다는 것이 당신에게는 어떤 의미인가요?**
무엇보다 자연은 우리 집 현관에서 시작되지 않는다는 걸 의미해요. 저는 집과 자연 사이의 경계를 흐릿하게 유지하는 걸 좋아합니다.

2 **집이 아주 스타일리시한데요, 당신의 인테리어 스타일을 어떻게 설명할 수 있을까요?**
제가 조합한 단어인 '스케스노'라고 제 스타일을 규정지을 수 있어요. 스칸디나비아의 깔끔한 형태와 원시적인 에스닉한 패턴이 있는 컬러, 아프리카에서 수집한 것들의 조합을 의미하죠. 북유럽 스타일의 절제미를 좋아하지만, 그것이 재료의 구조 및 역사와 대조적일 때만 그래요. 저는 집 안이 이야기 거리로 가득했으면 좋겠어요. 우리 가족이 함께했던 여행에 대한 기억도 좋고 완전히 낯선 사람들의 삶에 대한 스토리도 좋고요.

3 **집에 새로운 식물을 들일 때, 인테리어 전문가의 안목으로 고르나요, 아니면 좀 더 충동적으로 선택하나요?**
둘 다에 해당돼요. 저는 식물의 외형을 보기 때문에 대개 시각적 관점에서 식물을 골라요. 종종 어떤 식으로 스타일링을 하면 좋을지 미리 알아보는 편이에요. 하지만 때때로 원예 상점에서 제 눈을 사로잡는 식물이 있으면 그 자리에서 그냥 구입하기도 하죠.

4 **특별히 좋아하는 실내식물이 있나요? 만약 그렇다면 그게 무엇이고 그 이유는 뭔가요?**
사실 몇 개 있어요. 저는 호야오보바타와 케리를 좋아해요. 물을 머금고 있는 특이한 잎들 때문이죠. 진주목걸이 다육이랑 필레아 페페로미오이데스도 좋아해요. 사진을 찍으면 정말 멋지게 나오거든요. 그리고 분재도 소중히 여기는데요, 실제 살아있는 나무이고 굉장히 우아한 자태를 뽐내기 때문이에요.

5 **위시리스트에 추가하고 싶은 다른 식물들도 있나요?**
네, 몇 개 있어요. 아주 큰 올리브 나무를 갖고 싶어요. 그리고 영화 〈아바타〉에 나오는 '홈트리HOMETREE'처럼 생긴 분재와 키 큰 호야케리도 있으면 좋겠어요.

스타일링 팁

너무 작지 않은 식물이 좋아요. 저는 인테리어에 적용할 식물들이 재미있는 형태와 잎들을 가졌는지 그리고 전체적으로 시원한 모습인지 확인합니다. 호야를 예로 들어 설명하자면, 저는 지지대를 세워 키우는 것보다는 덩굴 모습 그대로 키우는 걸 더 좋아해요. 분재는 단독으로 두어도 그 자체로 훌륭한 선수들입니다. 추가로 장식할 필요가 거의 없죠. 균형을 잘 이룬 분위기를 연출하려면 일반적으로 컬러를 한 톤으로 통일해주는 게 중요합니다. 제 경우에는 초록색 식물들로만 집 안을 꾸며요. 두세 가지 색깔이 혼합된 식물이나 꽃이 피어 있는 것, 붉은 잎이 달린 것들은 제외합니다.

식물 스탠드 만들기

크래프티페어Craftifair라는 사이트를 운영 중인 블로거 안토니아Antonia가 알려주는 정보를 공유한다. 사진 속 스타일리시한 식물 스탠드를 손쉽게 만들 수 있는 방법이다. 이것은 당신의 식물들에 맵시를 더해준다.

^ ZZ 플랜트로 익히 알려진 금전수(자미쿨라스 자미이폴리아, Zamioculcas Zamiifolia)는 반짝거리는 녹색 잎을 가진 튼튼한 식물이다. 나뭇잎들은 규칙적인 패턴을 이루고 있으며 DIY 식물 스탠드의 스타일을 한층 더 돋보이게 한다.

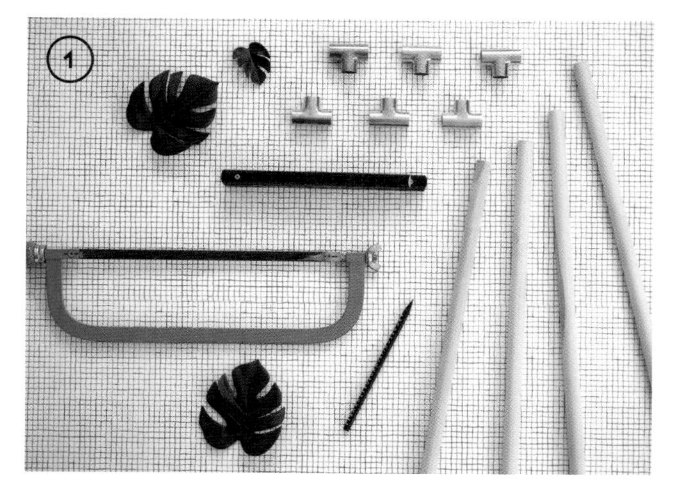

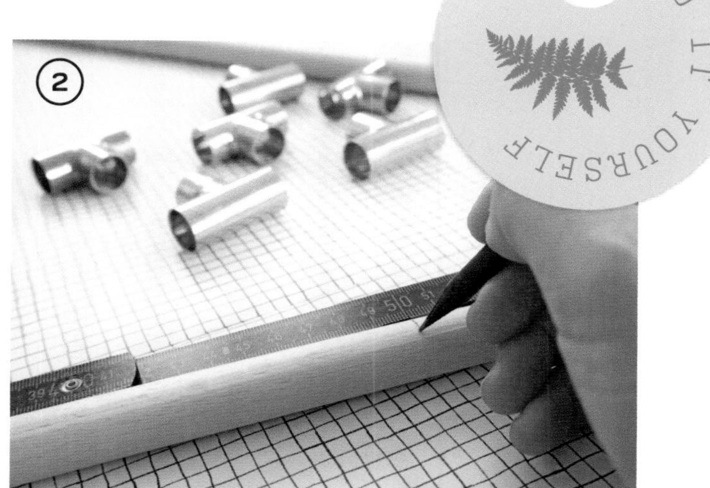

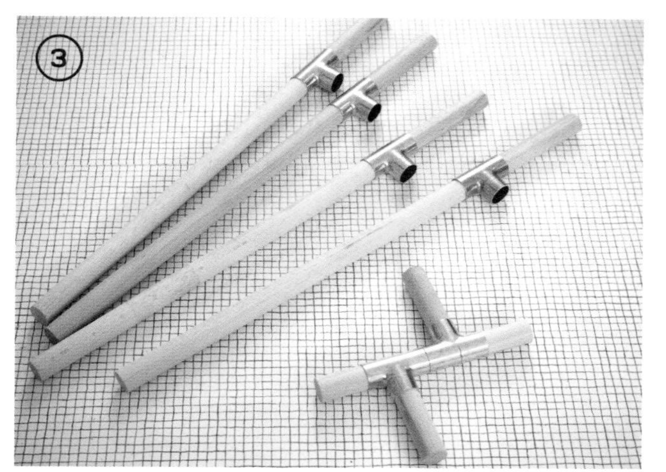

① **준비물**

- 직경 18~22mm, 길이 1m의 둥근 긴 막대 4개(철물점에서 구입)
- 내경 18mm 또는 22mm의 구리로 만든 T자형 연결부 6개(철물점의 배관용품 코너에서 구입)
- 자, 연필, 실톱

② 다리를 만들기 위해 막대에 톱질할 부분을 표시한다. 식물이 50cm 정도의 높이에 위치하도록 하고 싶다면, 막대를 40cm와 10cm씩 4개로 자른다.
다리의 길이가 길수록(가운데 공간이 넓을수록) 스탠드는 더 불안정해진다. 길고 짧은 막대기 하나가 나무 스탠드 다리 하나가 된다.

③ 중심의 교차지점은 나무 5조각과 두 개의 구리 T자형 연결부로 만든다. 나무 막대 각각의 길이는 화분의 크기에 따라 결정하면 된다.

④ 끼우는 부분의 끝을 사포로 살살 문지른다. 마지막으로 다리를 중앙에 붙여 연결한다.

→ craftifair.com에서 이에 대한 더 자세한 정보와 다른 DIY 정보를 찾아보길 바란다.

PLANT PORTRAIT

인도 고무나무
FICUS ELASTICA

고무나무RUBBER TREE PLANT

인도 고무나무는 장점이 많다.
짙은 녹색의 반짝이는 잎들도 물론 멋지지만,
공기 중의 포름알데히드를 제거하는 데 특히 탁월한 능력을 발휘한다.
인도 고무나무는 강력한 공기 정화 식물들 중 하나다.

∨ *단란한 모임: 다양한 다육식물과 필레아, 옥살리스 및 실내에서 재배하는 아보카도 나무가 서로의 얘기에 귀를 기울이는 동안 떡갈 고무나무는 차분한 대화 분위기를 조성해준다.*

**모르간이 현재 키우고 있는
식물들 중에는 어머니로부터
물려받은 것들도 있습니다.
그것은 모르간에게 아주 소중한
가보입니다.**

새로운 보금자리를 물색할 때 모르간의 선택 기준 중 하나는 햇살이 많이 드는 환한 공간이었다. 그녀가 수년간 모아온 많은 식물들에게 꼭 알맞은 야외 공간이 있다면 더욱 완벽할 터였다. 그리고 이 아파트가 바로 그녀가 찾던 곳이었다. 아르만드가 신나게 놀 수 있고 식물들이 잘 자라며 그녀가 창의적인 작업을 해나갈 수 있는 밝고 널찍한 공간. 빛을 충분히 활용하기 위해 커튼은 달지 않았는데, 아마 식물들도 이에 대해 무척 감사해할 것이다.

모르간은 병원 영양사와 창조 전문가라는 두 개의 일을 병행하고 있다. 그녀는 가장 좋아하는 재료인 털실과 식물을 이용해 브랜드 업체와 기업들을 위한 DIY 프로젝트를 창안한다. 집에서 일을 하기 때문에 직조기와 뜨개질바늘, 털실 뭉치, 가위와 같은 도구들이 전부 자동적으로 인테리어 소품의 일부가 된다. 반려식물을 위한 화분을 뜨개질로 만들기도 한다.

멋진 아이디어

이 집에서는 식물을 주제로 한 것들이 끊임없이 이어집니다. 종이로 만든 나뭇잎 패턴의 갈런드(잎이나 가지 등을 이용해 만든 화관이나 목걸이)와 잎으로 만든 식물 액자(118쪽 참조)가 식물들과 함께 집 안을 장식하고 있지요.

> 보태니컬 아트로 꾸민 편안한 분위기의 침실.
∧ 종이로 만든 갈런드는 프랑스 예술가 버지니 세니에르 도레미유Virginie Sannier-Dorémieux의 작품(블로그Mi-avril http://blog.mi-avril.com/)이다.
< 나무 박스로 만든 선반은 털실과 식물 모두를 위한 충분한 공간을 제공해준다.

∨ 미국 개척시대의 서부 느낌을 살린 아르만드의 방:
놀이 텐트, 귀여운 인형들, 그리고 당연히
식물들이 방을 장식하고 있다.

모르간이 가장 사랑하는 식물들은 지금은 고인이 된 어머니에게서 받은 것이다. 그것들은 어머니와 할머니를 떠올리게 하고 그녀의 인생에 기쁨을 가져다주는 살아있는 유산이다. 거실 수납장에 있는 커다란 립살리스 선인장은 몇 해 전 어머니의 집에서는 그리 잘 자라지 못했었다. 그녀와 남동생은 삽수를 받아와 키우기 시작했고 지금은 둘 다 튼실하게 잘 자라고 있다. 그 립살리스는 현재 그녀가 수집한 빈티지한 컵들과 털실, 작은 오브제들, 얼굴이 그려진 화병과 몇 가지 빈티지한 피규어와 더불어 함께 살고 있는데, 이런 소품들은 예쁘게 꾸며진 식물 선반에 다양한 캐릭터를 부여해준다.

집 안을 돌아다니다 보면 재활용된 듀라렉스 유리제품이 간간이 눈에 띈다. 프랑스의 벼룩시장이나 중고품 매장에 가보면 아름다운 다이아몬드 모양의 빈티지한 듀라렉스 유리컵과 그릇을 쉽게 찾을 수 있다. 그것에 매트한 페인트를 칠하면 마치 도자기처럼 보인다. 이 컵들은 자그마한 선인장을 위한 이상적인 보금자리가 되고 좀 더 큰 그릇들은 훌륭한 화분받침으로 새 생명을 얻는다.

식물을 위한 업사이클링: 빈티지한 듀라렉스 유리제품에 스프레이 페인트를 칠하면 펑키한 새 화분으로 거듭납니다.

> 아르만드는 뛰노는 것을 좋아한다.
> 그렇지만 엄마가 아끼는 식물들을 조심스레 피해서 논다.

식물을 돌보는 일은 매주
빼먹지 않고 치르는 행사입니다.
그날은 곧 저만의
휴식시간이기도 해요.

< 모르간의 몬스테라 델리시오사가 좀 더 많은 햇살을 받기 위해 가지를 뻗고 있다.
∨ 털실과 식물에 대한 애정이 낳은 손수 짠 화분 커버.

∨ 모르간은 식물 문양이 인쇄되어 있는
천으로 빈티지한 서랍장을 감싸 거실의
진정한 하이라이트를 탄생시켰다.

멋진 아이디어

*식물을 주제로 빈티지한 가구를 업그레이드시켜보는 건 어때요?
식물 문양이 있는 천이나 남은 벽지로 가구 앞면을
커버하는 작업은 아주 쉽습니다. 이렇게 하면 정말로 눈길을
사로잡는 효과를 낼 수 있어요!*

모르간과 아르만드의 집은 아늑한 둥지처럼 느껴진다. 모르간은 거실에 소파 대신 데이베드를 놓았다. 그리고 그 위는 따뜻한 담요와 쿠션 그리고 아르만드의 곰 인형이 차지하고 있다. 그녀는 직접 만든 소품과 아르만드의 그림 그리고 몇몇 친한 친구들이 손수 만든 작품으로 아파트를 꾸몄다. 벽에 걸린 샤폴레온 모자(카밀 아자르), 미-아브릴의 종이 갈런드(버지니 세니에르 도레미유), 사르 만쉬(이 책의 일러스트 작가다)가 만든 엽서 등이 그런 수제품이다.

모르간은 세덤과 애오니움에게 특히 약하다. 이미 가지고 있는 것과 똑같아도 그냥 지나치지 못하고 꼭 사고야 만다. 충분히 다 자란 것들 중 일부는 삽목을 위해 가지를 잘라 물이 담긴 작은 화병에 넣어두고 새로운 뿌리가 나오길 기다린다. 그리고 때가 되면 식물 애호가인 친구와 가족에게 분양해준다. 다른 사람들에게 나눠주기에 특히 꼭 맞는 식물들 중 하나가 필레아 페페로미오이데스다. 이것은 동글동글한 잎의 모양 때문에 팬케이크 또는 중국동전풀이라고도 불린다. 이 식물은 블로거들 사이에서 큰 인기를 누리고 있으며, 누군가에게 분양해준다는 것 자체가 일종의 행운이다. 플랜트 행어 안에 있는 큰 필레아는 나무 상자 위에 놓인 필레아들의 엄마다. 필레아는 모르간이 가장 좋아하는 식물들 중 하나인데, 그 이유는 분양된 어린 것들이 다른 사람들의 집에서 계속 커나가기 때문이다.

저는 유리병에 작고 어린 식물들을 키웁니다. 가족과 친구에게 선물로 주려고요. 이런 용도에 특히 딱 맞는 식물이 바로 필레아 페페로미오이데스예요.

ㄱ 립살리스와 털실 사이에 놓인 재미있는 소품들.
> 녹색 옥살리스는 영원히 성장을 멈추지 않는 행운의 마스코트 같다.

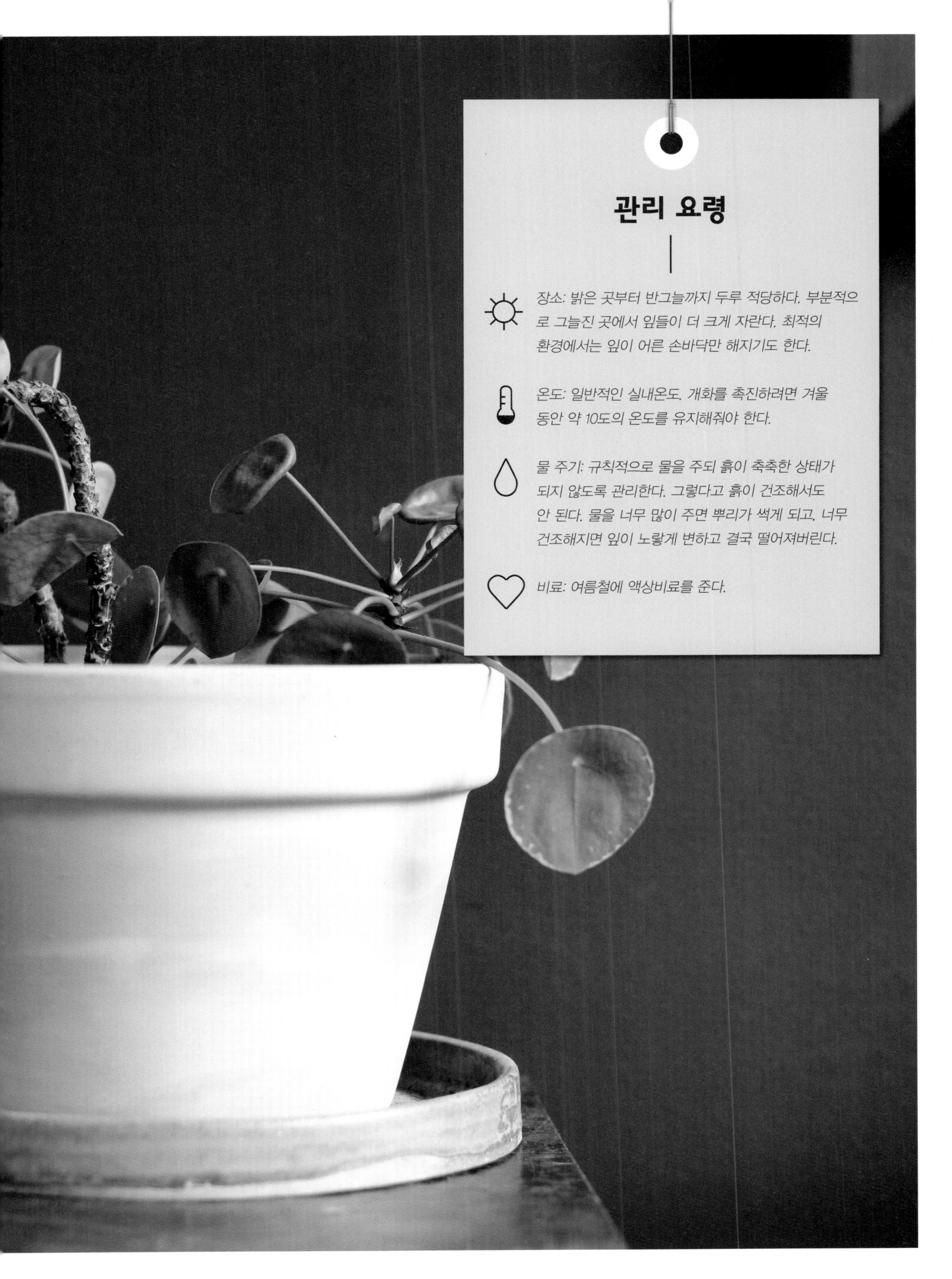
관리 요령
장소: 밝은 곳부터 반그늘까지 두루 적당하다. 부분적으로 그늘진 곳에서 잎들이 더 크게 자란다. 최적의 환경에서는 잎이 어른 손바닥만 해지기도 한다.
온도: 일반적인 실내온도. 개화를 촉진하려면 겨울 동안 약 10도의 온도를 유지해줘야 한다.
물 주기: 규칙적으로 물을 주되 흙이 축축한 상태가 되지 않도록 관리한다. 그렇다고 흙이 건조해서도 안 된다. 물을 너무 많이 주면 뿌리가 썩게 되고, 너무 건조해지면 잎이 노랗게 변하고 결국 떨어져버린다.
비료: 여름철에 액상비료를 준다.

STYLING TIPS

트라데스칸티아 & 필레아
TRADESCANTIA & PILEA

필레아는 어떤 선반이나 사이드보드, 창턱에서든 아름다운 포인트가 된다. 긴 줄기와 동그란 잎을 가진 덕분에 장식 효과가 매우 뛰어나고 인테리어에 있어 시각적 하이라이트가 된다. 한편, 트라데스칸티아는 풍부한 색감과 패턴으로 시선을 압도한다. 둘 다 천장이나 벽에 걸어놓기에 이상적인 식물이다.

알고 있나요?

필레아 페페로미오이데스는 1980년대까지 제대로 알려져 있지 않았습니다. 1984년 영국의 잡지 〈큐Kew〉에 사진이 실리면서부터 처음으로 대중에 널리 알려지게 되었죠.

^ 앙증맞은 모습의 필레아는 부엌 선반에서도 역시 두각을 나타낸다. 필레아를 컵에 심어 부엌 선반에 초록색을 추가해보자.

ㄱ 행복한 트리오: 닥스훈트는 녹색 친구들을 좋아한다. 깜찍한 아이디어: 식상함을 덜어내기 위해 화분에 심은 필레아를 종이봉투 안에 넣어보자.

필레아는 식물의 가족사진을 찍기에 꼭 알맞은 식물입니다. 모체에서 새싹을 잘라내 작은 화분에 옮겨 심으세요. 그런 다음 모체와 어린 식물들을 한 자리에 단란하게 모아놓고 필레아의 가족사진을 찍어보세요.

∧ 벽장을 장식한 빈티지 도자기 컬렉션과 마크라메 행어에 매달아놓은 식물들이 어우러져 드라마틱한 식물 스타일링이 완성되었다.

∨ 유리병이나 유리잔 대신 식물로 카트를 장식해보면 어떨까? 이런 스타일링에 이상적인 식물이 바로 길게 늘어진 줄기와 다채로운 색상의 잎을 가진 트라데스칸티아다.

< 낡은 캔이 복고풍 플랜트 행어로 제2의 인생을 즐기고 있다. 이곳은 네덜란드 출신 일러스트레이터 루스 헹게벨트Ruth Hengeveld의 집이다.

∨ 작은 것부터 큰 것까지: 토분에 심은 어린 식물들과 테라리엄. 야생미 넘치는 트란데스칸티아가 사이드보드 위에 재미있게 놓여 있다.

∨ 톤-온-톤: 어린 트라데스칸티아가 보랏빛 에케베리아 및 자수정과 잘 어우러져 있다.

만일 트라데스칸티아를 선택한 이유가 생동감 넘치는 컬러감 때문이라면 햇빛을 충분히 받도록 해야 합니다. 그래야만 본연의 색깔과 신비한 색감을 한껏 발휘할 수 있습니다.

저는 오랫동안 식물들을 키워왔어요. 이제는 식물이 없는 집을 상상도 할 수 없어요.

∧ 선인장 교향곡 5번: 그림과 식물과 음악이 아름다운 조합을 이룬다.

저는 식물들을 사랑하고 존중합니다.
식물들이 없는 집 안은
저에게 암울하기 짝이 없는
텅 빈 사막 같아요.

멋진 아이디어

멋진 도구들이 있다면 식물 관리가 더 즐거워집니다. 식물을 돌보는 시간을 훨씬 더 즐거운 시간으로 만들기 위해 예쁜 액세서리들을 마련해보세요. 깜찍한 물뿌리개, 원예용 특수 가위, 작은 삽, 워터링 벌브 등등. 식물 관리가 단지 더 즐거운 시간만이 아니라 스타일리시한 활동이 될 거예요!

⌜ *옥상 테라스는 진정한 도시 정글이며 보스포루스 해협이 가깝게 내려다보인다.*
∧ *펨은 사랑과 존중의 마음으로 식물들을 돌보고 있다.*
< *테라스에는 딸기뿐 아니라 토끼풀도 풍성하게 자라고 있다.*

이스탄불을 찾아 펨의 집과 화원을 둘러본 감흥은 꽤 오래 지속된다. 활력과 사랑, 즐거움이 넘쳐나는 가정생활은 물론 식물들에 대한 그녀의 열정과 존중감이 마치 들불처럼 번지는 듯하다. 그곳을 방문한 사람들은 자연스레 이런 의문을 품게 된다. 그 무한한 에너지의 원천은 행복해하는 식물들에게서 비롯되는 것일까, 아니면 펨의 활달한 성격에서 나오는 것일까? 정답이 뭐든 한 가지 분명히 알 수 있는 사실이 있다. 그 두 가지 원천에서 뿜어져 나오는 에너지가 이 따스하고 아름다운 초록색 집에서 서로 교차한다는 점이다. 유럽과 아시아가 교차하는 이스탄불과 같은 도시에서는 어쩌면 그런 일이 아주 자연스런 현상일지도 모르겠다.

EXPERT TIPS

5가지 질문

펨

1 당신의 식물에 대한 사랑은 어디에서 기인한 것인가요?

터키인들은 식물 및 자연과 아주 오랜 관계를 맺고 있어요. 생명의 나무는 지금도 여전히 아나톨리아 반도(소아시아) 문화의 일부로 남아 있지요. 저의 증조모와 할아버지는 주술사였습니다. 우리는 지금도 몇 가지 미신을 믿고 있어요. 흔히 무슬림 종교의 일부라 여겨지는 상징과 관습들 중에는 사실 그렇지 않은 것들도 있지요. 이런 것들은 우리 일상으로 스며들어 수년간 관습으로 굳어졌습니다. 나무에 색색의 끈을 매달고, 나무를 두드리고, 야생동물을 수놓은 '킬림'을 소지하는 따위의 일들 말이죠. 우리 조상들은 자연과 조화를 이루며 살아왔고 자연을 존중했습니다. 우리 토양은 매우 비옥하기 때문에 자연과 조화를 이루며 더불어 살아가는 게 자연스런 일이었습니다. 하지만 대도시로의 이주와 기술 발달, 팍팍한 도시생활로 인해 우리 세대는 자연과의 연결고리를 잃어버렸죠. 우리는 이제 하늘을 올려다보며 날씨를 확인하는 게 아니라 아쿠웨더ACCUWEATHER 같은 날씨 사이트를 들여다보잖아요! 정말이지 어리석은 짓이죠! 우리 모두는 모든 생명체들과 '사랑과 존중'의 연결고리를 되살리고 다시 흙을 만지고 살 필요가 있어요. 식물에 대한 사랑은 저와 제 가족에게 있어 아주 자연스러운 삶의 방식입니다.

2 식물과 함께 살아간다는 것이 당신에게는 무슨 의미인가요?

저에게 식물은 인간보다 더 매력적이에요. 식물은 수백만 년 전부터 그랬듯이 우리 없이도 생존할 수 있지만 사람과 동물은 식물 없이는 단 하루도 생존할 수 없어요. 식물의 적응력과 번식력, 아름다움은 물론 그 모양과 형태를 보고 있노라면 감탄이 절로 나와요. 그들은 침묵하고 있지만 그래도 우리는 그들에게 귀를 기울일 수 있습니다. 저는 식물들을 사랑하고 존중합니다. 식물이 없는 집은 저에게 마치 사막과도 같아요. 텅 비고 죽어 있으며 영혼이 없죠.

3 집과 화원 양쪽에서 식물과 더불어 생활하고 일하고 계신데요, 집과 화원에서 하는 일 사이에 실질적인 차이가 있나요?

사실상 그 둘은 서로를 보완해주고 있어요. 우리 집 창은 동쪽과 서쪽으로 모두 뚫려 있어요. 그래서 그늘진 화원에 있던 식물들을 관리하기 위해 집으로 데려옵니다. 2014년까지는 제가 살고 있는 '오픈하우스' 아파트에서 식물을 팔았어요. 그러나 오래지 않아 식물들이 집 안을 점령해버렸죠. 집에 들어가면 마치 우리가 손님 같았죠. 제대로 움직일 수도 없었어요. 그래서 집에서 멀지 않은 곳에 화원을 열기로 결심한 거예요. 지금은 집이 제대로 된 내 집처럼 느껴집니다. 그리고 화원은 진짜로 일하는 곳이고요.

4 집에 어떤어떤 식물들을 갖고 있나요?

우리 집 보셨죠? 우리 집에는 대략 600개의 식물이 있어요. 그것들을 일일이 말씀드리기는 불가능해요. 그중에서 덩치가 좀 큰 것들만 몇 가지 알려드리자면, 몬스테라, 아레카 야자, 드라세나, 산세베리아, 카리요타 미티스(공작 야자), 유포르비아…….

5 지금 갖고 있는 식물들 중에서 가장 좋아하는 식물이 있나요? 그렇다면 그 이유는요?

그런 똑같은 질문을 저도 제 자신에게 항상 던지곤 합니다. 그 질문은 어떤 음식을 제일 좋아하는지, 혹은 가장 여행하고 싶은 곳이 어디인지 묻는 것과 매한가지예요. 모두 대답하기 어려운 질문들이죠. 저는 양치식물을 좋아하는데 그 습성이 맘에 들기 때문이에요. 그리고 야자와 필로덴드론 같은 열대식물도 좋아해요. 잎이 예쁘거든요. 생존력 측면에서는 다육식물을 존경하고요, 자기 치유력이 강하다는 면에서 잡초도 무척 좋아해요. 말하자면 끝이 없어요!

코케다마 만들기

'큐레이트 앤 디스플레이Curate & Display'를 운영하는 블로거이자 스타일리스트인 티파니 그랜트 라일리Tiffany Grant-Riley에게서 코케다마를 만드는 방법을 배워보자. 그녀가 일러주는 대로 따라 하면 아주 쉽게 만들 수 있으니 한번 시도해보자.

∧ 코케다마라는 일본식 이끼볼은 양치식물이나 아이비처럼 습기를 좋아하는 식물들에게 아주 적합하다.

준비물:

- *양치류, 아이비 또는 난초와 같은 수분을 좋아하는 식물*
- *물이끼*
- *다목적 배합토*
- *난석 또는 마사토*
- *마끈*
- *시트 이끼sheet moss*

(1) *식물의 뿌리에서 남아 있는 흙을 조심스럽게 제거한다. 뿌리를 촉촉한 물이끼로 감싼다.*

(2) *양동이에 배합토와 마사토를 같은 비율로 넣고 약간의 물을 첨가해 섞는다. 이 혼합물을 공 모양으로 동그랗게 뭉쳐 식물 뿌리를 완전히 다 감쌀 수 있을 정도의 크기로 만든다. 이 과정에서 흙을 꾹꾹 눌러 여분의 수분을 짜낸다.*

(3) *공 모양의 혼합물 가운데에 구멍을 만들어 물이끼로 감싼 식물의 뿌리를 조심스럽게 그 안에 집어넣는다. 공 모양이 부서지면 양손으로 더 단단하게 눌러 공 모양을 만든다. 그것을 시트 이끼 중앙에 올려놓는다.*

(4) *시트 이끼가 공 주변에 고루 달라붙도록 하고 여분의 이끼들은 털어낸다. 그리고 마끈으로 단단히 감아 이끼를 고정시킨다. 끈으로 공을 충분히 감싸고 나서 끈을 매듭짓는다. 코케다마에 세 개의 끈을 달아 매달 준비를 갖춘다. 물에 푹 담그거나 분무기로 충분히 뿌려주는 식으로 물은 일주일에 대략 한 번씩 주면 된다. 이끼가 완전히 마르는 일이 없도록 한다.*

curateanddisplay.co.uk에서
티파니에 대해 좀 더 자세히 알아보기 바란다.

PLANT PORTRAIT

야자
PALMS

온대지역에 살고 있는 우리 대부분에게 야자나무(아레카 혹은 야자나무과)는 이국적 분위기의 대명사 격으로 통한다. 야자나무를 떠올리는 순간 열대 해변과 꿈같은 항해 그리고 멀리 떨어진 천국 같은 이미지가 저절로 연상된다. 야자나무의 자연서식지는 북위 40도와 남위 44도 사이로, 프랑스 남부에서 뉴질랜드에 속해 있는 채텀 제도에 이르는 넓은 지대에 걸쳐 있다.

∧ 야자와 무늬가 있는 벽걸이 그리고 반짝임을 더하기 위한 황금빛 소품으로 동양적인 느낌을 연출했다.
> 큰 화분이 없다면 예쁘장한 바구니에 야자나무를 담아보라.

스타일링 팁

실내에서 야자나무는 그 크기만으로도 하나의 훌륭한 작품이 됩니다. 그 뿌리는 땅 속으로 깊게 파고드는 습성이 있기 때문에 큰 화분이 좋습니다. 화분 위로 노출된 흙을 가리려면 멋진 천(소파나 인테리어 색조와 어울리는 것)으로 화분 입구 부분을 감싸보세요. 그리고 햇살이 비칠 때 야자나무가 벽과 바닥에 만들어내는 아름다운 그림자도 놓치지 마세요!

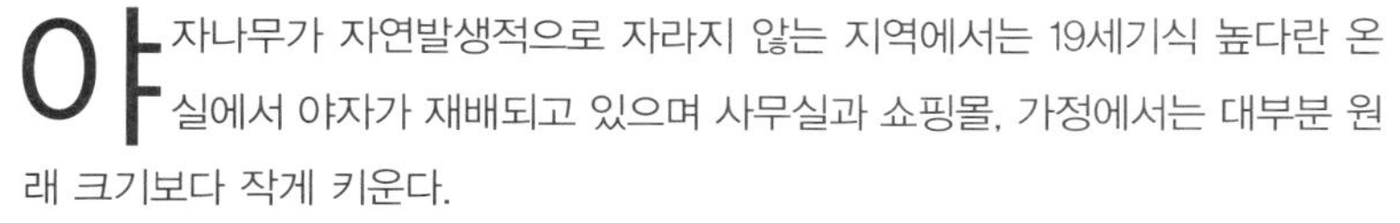

야자나무가 자연발생적으로 자라지 않는 지역에서는 19세기식 높다란 온실에서 야자가 재배되고 있으며 사무실과 쇼핑몰, 가정에서는 대부분 원래 크기보다 작게 키운다.

열대와 아열대 지방에서 야자나무는 아주 일상적인 식물이고 생활의 일부라 할 수 있다. 몇몇 종류의 야자나무는 소중한 영양분과 섬유질, 건축자재를 제공해주기 때문에 특정 국가의 지역경제와 거주민들의 생존에 아주 중요한 역할을 해오고 있다. 만일 코코넛 열매가 함유한 코코넛 밀크액이 없었다면 태평양 제도에서는 야자나무의 정착이 불가능했을지도 모른다. 코코넛 액은 소금물에 완전히 둘러싸여 있는 남태평양 제도에서 사람이 생존해나갈 수 있게 해주었다. 덜 익은 코코넛 열매 3–6개 정도면 열대기후에서 하루 동안 인간이 요구하는 수분의 양을 충족시킬 수 있었다.

당신이 살고 있는 기후대에 알맞은 야자나무를 찾고 있다면 근처 원예단지를 방문해보자. 혹은 휴가 때 방문한 지중해 지역이나 열대 섬에서 가져온 씨앗으로 싹을 틔워 야자나무를 길러도 된다. 씨앗을 이용해 야자나무를 기르는 데는 엄청난 인내심이 요구되지만, 스스로 싹을 틔운 어린 야자나무가 성장하는 모습을 지켜보는 것 또한 대단히 흥미진진한 일이다.

그렇게 입수한 아직 어린 야자의 작은 뿌리와 잎을 만져보면 아주 강하고 튼튼하다는 걸 알 수 있는데, 이 과정을 통해 당신은 야자나무가 그토록 가느다란 줄기로 어떻게 30미터까지 자랄 수 있는지 좀 더 쉽게 납득할 수 있을 것이다.

∨ *높은 곳에 도달하기: 이 침실의 켄차 야자나무는 천장을 향해 뻗어 있다. 더 어린 야자는 사이드보드 위에 놓아두어도 좋고 어떤 방에든 금세 열대 분위기를 연출할 수 있다.*

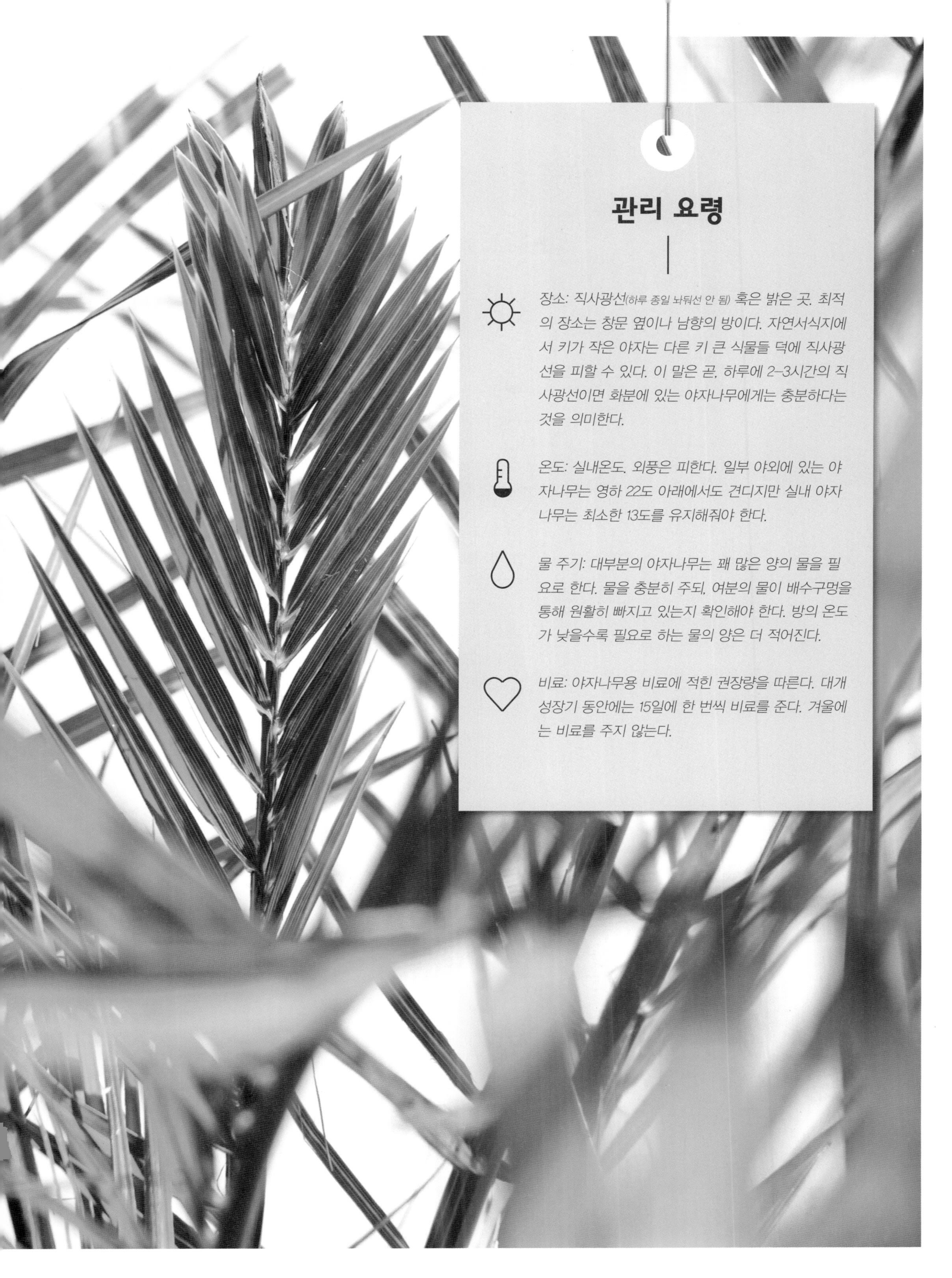

관리 요령

장소: 직사광선(하루 종일 놔둬선 안 됨) 혹은 밝은 곳. 최적의 장소는 창문 옆이나 남향의 방이다. 자연서식지에서 키가 작은 야자는 다른 키 큰 식물들 덕에 직사광선을 피할 수 있다. 이 말은 곧, 하루에 2–3시간의 직사광선이면 화분에 있는 야자나무에게는 충분하다는 것을 의미한다.

온도: 실내온도. 외풍은 피한다. 일부 야외에 있는 야자나무는 영하 22도 아래에서도 견디지만 실내 야자나무는 최소한 13도를 유지해줘야 한다.

물 주기: 대부분의 야자나무는 꽤 많은 양의 물을 필요로 한다. 물을 충분히 주되, 여분의 물이 배수구멍을 통해 원활히 빠지고 있는지 확인해야 한다. 방의 온도가 낮을수록 필요로 하는 물의 양은 더 적어진다.

비료: 야자나무용 비료에 적힌 권장량을 따른다. 대개 성장기 동안에는 15일에 한 번씩 비료를 준다. 겨울에는 비료를 주지 않는다.

초보자를 위한 키우기 쉬운 식물들

리스크를 낮추고 싶다면 키우기 쉬운 것부터 시작하세요!
가장 쉽게 키울 수 있는 식물들은 아래와 같습니다.

1. **피스 릴리***(스파티필름, 제일 왼쪽)*
2. **데블스 아이비/포토스***(에피프레넘, 스킨답서스)*
3. **산세베리아***(뱀풀)*
4. **스파이더 플랜트***(접란)*
5. **알로에 베라**

이 책에 참여해준 '어반 정글 블로거들'

CONTRIBUTING "URBAN JUNGLE BLOGGERS"

이 책을 위해 사진을 제공해준 세계 각국 18명의 블로거들에게
특별한 감사를 드립니다. 그들의 블로그와 인스타그램을 방문해보세요.
아주 다재다능한 분들입니다! 감사합니다!

Anette Laurim / *독일*
LOOK! PIMP YOUR ROOM
좋아하는 식물: 녹영(구슬 선인장)
"저는 일반 화분보다는 기다란 화병을 더 애용합니다."
lookpimpyourroom.com
@lookpimpyouroom
photos on pages: 29/30/41/42/161/165/169(3+5)

Anne Ji-Mi Herngaard / *덴마크*
LITTLE GREEN FINGERS
좋아하는 식물: 몬스테라 델리시오사
"식물이 많으면 많을수록 더 즐거워집니다!"
littlegreenfingers.com
@littlegreenfingers
photos on pages: 32/33/60/121/124/125/131/164

Antonia Schmitz / *독일*
CRAFTIFAIR
좋아하는 식물: 몬스테라 델리시오사
"저는 모든 식물에 천연비료로 커피 찌꺼기를 사용해요. 효과가 좋아요."
craftifair.com
@craftifair
photos on pages: 44/62/86/87/98/101/153

Elena Gardin / *스페인&이탈리아*
FACING NORTH WITH GRACIA
좋아하는 식물: 수염 틸란드시아
"저는 출신 환경이 유사한 식물들을 한데 모아놓는 식으로 스타일링을 합니다. 이렇게 하면 식물을 관리하기도 편하고 더 강력한 인상을 줄 수 있어요."
facingnorthwithgracia.blogspot.com
@vidabarceloni
photos on pages: 45/62

Elske Leenstra / *네덜란드*
ELSKE
좋아하는 식물: 톨미아
"저처럼 깡통을 재활용해 화분으로 사용해보세요(169쪽 참조). 쉽고 빠르죠!"
elskeleenstra.nl
@elskeleenstra
photo on pages: 169(1)

Heather Young / *영국*
GROWING SPACES
좋아하는 식물: 필레아 페페로미오이데스
"취향에 따라 화분을 꾸며보세요. 세상에 단 하나뿐인 화분이 탄생합니다. 저는 밋밋한 토분에 유액을 칠해서 우리 집 스타일에 더 잘 어울리게 만들어요."
growingspaces.net
@heatheryounguk
photos on pages: 27/34/43/127/157

Ilaria Fatone / *프랑스&이탈리아*
UN DUE TRE ILARIA
좋아하는 식물: 몬스테라 델리시오사와 다육식물
"식물들을 크기나 종류별로 그룹지어 한 곳에 놓아보세요. 적은 수의 식물로도 정글 같은 모습을 연출할 수 있습니다(이것은 실용적인 팁이기도 합니다. 하나도 빼먹지 않고 물을 줄 수 있거든요)."
unduetre-ilaria.com
@un23ilaria
photo on page: 38

Janneke Luursema / *네덜란드*
A WAY OF SEEING
좋아하는 식물: 모든 식물을 좋아하지만 특이한 것일수록 더 좋아합니다!
"저는 빈티지한 도자기를 화분으로 즐겨 씁니다."
luursema.nl
@still_______(7x underscore)
photos on pages: : 2/25/61/98

Jocelyn Jefner / *미국&독일*
THE INNER INTERIOR
좋아하는 식물: 접란
"특정 공간에서 식물들이 잘 자라고 있다면 그대로 두세요. 최대한 이리저리 옮기지 않는 게 좋아요. 반려식물은 우리에게 위안을 주는 존재이며 조화롭고 균형 잡힌 환경을 좋아합니다."
theinnerinterior.com
@jocelynhefner
photos on pages: 31/63/65/90/ 99/158/169(4)

Kasia Nowakowska / *폴란드*
PAPIEROWY WYMIAR
좋아하는 식물: 선인장과 호야
"저는 우리 집 반려식물들을 대부분 수경법으로 키워요. 흙 대신 물을 사용하면 당신과 식물 모두에게 유익합니다. 식물들이 훨씬 더 건강하고 저 역시 간편하거든요."
papierowywymiar.blogspot.com
photos on pages: 24/39/40

Line Stützer / *덴마크*
좋아하는 식물: 칼라데아 오르비폴리아
"과감해지세요! 테이블이나 서랍장 위에 큰 식물들을 올려두는 걸 주저하지 마세요. 우리 집에 있는 커다란 초록친구들도 사람들의 이목을 신경 쓰지 않거든요."
@linestutzer
photos on pages: 69/93/94/100/126/130/163

Lisa Reck / *독일*
IT'S PRETTY NICE
좋아하는 식물: 몬스테라 델리시오사
"화분 스탠드와 행잉 디스플레이를 이용해 식물들의 높이를 서로 달리하는 식으로 모든 공간을 최대한 활용하세요."
itsprettynice.com
@itsprettynice
photo on page: 169(2)

Maren Teichert / *독일*
MINZA WILL SOMMER
좋아하는 식물: 몬스테라 델리시오사
"저는 식물들이 한데 모여 있는 모습을 좋아하기 때문에, 유사한 컬러나 재질로 된 화분을 즐겨 씁니다. 거기에 그림이나 디자인 소품, 책 같은 것들을 곁들입니다."
minzawillsommer.blogspot.de
@minzawillsommer
photos on pages: 71/130

Marlous Snijder / *네덜란드*
OH MARIE!
좋아하는 식물: 애니고잔토스(캥거루 발톱)
"대부분의 식물은 추위나 외풍을 싫어합니다. 그리고 먼지도요! 가끔씩 저는 잎에 쌓인 먼지를 말끔히 씻어내기 위해 말 그대로 샤워를 시킵니다."
ohmarie.nl
@ohmariemag
photo on page: 133

Mel Chesneau / *뉴질랜드&스웨덴*
STYLED CANVAS
좋아하는 식물: 칼라데아 오르비폴리아
"때로는 뜻밖의 공간이 우리 녹색친구에게는 살기에 가장 완벽한 장소가 되기도 합니다. 냉장고 위 같은 곳이요."
styledcanvas.com
@styledcanvas
photos on pages: 30/43/44/92/94

Mina Stanojkoviĉ / *세르비아*
좋아하는 식물: 스킨답서스
"식물들에게 귀를 기울이세요. 식물에 대해선 그들이 가장 지혜로운 법이고 불평을 거의 하지 않으니까요. 일단 당신이 먼저 그들이 원하는 것을 해준다면–그들만의 화분, 가벼운 허밍 소리, 조심스러운 물 주기– 그들은 새로운 싹을 틔우는 것으로 당신에게 보상을 안겨줄 거예요. 식물에게 자양분이 될 만한 간단한 일들을 해보세요. 효과가 있을 겁니다!"
@nevolimruze
photos on pages: 28/29/165

Souraya Hassan / *네덜란드*
BINTI HOME
좋아하는 식물: 아레카 야자
"지중해풍 분위기를 연출하고 싶다면 토분에 심은 서로 다른 식물들을 믹스매치해보세요."
bintihomeblog.com
@bintihome
photos on pages: 37/70/90/153/162

Tiffany Grant–Riley / *영국*
CURATE & DISPLAY
좋아하는 식물: 인도 고무나무
"위로 크게 자라고 사람들의 시선을 단번에 끌 만한 조각상 같은 식물을 골라보세요. 클수록 더 좋아요!"
curateanddisplay.co.uk
@curatedisplay
photos on pages: 71/88/89/150/151

Igor Josifovic / *독일*
HAPPY INTERIOR BLOG
좋아하는 식물: 크라술라 오바타(jade plant) & 켄챠 야자
"주말에 듣기 좋은 음악을 틀어놓고 식물을 돌볼 계획을 세워보세요. 물과 빛, 영양소 그리고 좋은 분위기는 식물들에게 놀라운 효과를 발휘합니다!"
happyinteriorblog.com
@igorjosif
photos on pages: 40/64/65/67/95/101/122/132/156/159 and 39/125/133/154 by Lina Skukauskė

Judith de Graaff / *프랑스*
JOELIX.COM
좋아하는 식물: 모든 선인장과 야자
"휴가지에서 냉장고에 붙일 자석이나 다른 자질구레한 장신구 대신 작은 삽목이나 씨앗을 집으로 가져오세요. 이것들은 최고의 기념품이 되어 여행지에서의 행복한 추억을 일년 내내 떠올리게 해줄 거예요."
joelix.com
@joelixjoelix
photos on pages: 22/23/26/33/35/66/120/122/123/133/152/155/173

감사의 글

한결 같은 지지를 보내주고 끈질긴 인내심과 이해심을 보여주는 필립, 디자인 전문가로서의 안목과
창의력을 발휘해준 주디스, 나를 응원해주고 훌륭한 식사를 대접해준 로버트,
그리고 저를 사랑하고 지원하며 믿어주는 다른 모든 분들께 감사의 말씀을 전하고 싶습니다.
모두 감사합니다! 여러분 덕분에 이 책이 나올 수 있었습니다!
이고르

무조건적인 사랑과 인내, 지원을 보내준 로버트, 나를 믿어주고 열렬히 응원하는 사랑하는 우리 가족들,
소중한 조언과 웃음을 안겨준 사이먼, 배후에서 나를 조종해 바른 길로 인도해주는 친구들(앤, 캐서린, 클로틸드, 제인, 세실),
나를 자상하게 대해주고 인내심을 발휘해준 필립, 이 책을 만드는 동안 즐거움을 선사해주고 특유의
기분 좋은 느낌을 발산하는 이고르, 이 모든 분들께 크나큰 감사를 드립니다.
주디스

그리고
놀랄 정도로 멋진 사진을 찍어준 리나, 예쁜 일러스트를 그려준 사르,
식물에 대한 아이디어를 공유해준 모든 블로거들, 녹색으로 가득한 집에 우리를 초대해준 집 주인 모두에게
큰 감사를 드립니다.
그리고 마지막으로, 식물을 주제로 한 창의적 영감을 지금도 계속 떠올리고 있을
'어반 정글 블로거' 모두에게 진심으로 감사드립니다.

마음 놓고 쉴 수 있는 공간
자연이 함께하는 집

반려식물 인테리어

1판 1쇄 발행 2018년 5월 1일
1판 3쇄 발행 2020년 9월 10일

지은이 이고르 조시포비크 & 주디스 드 그라프
옮긴이 고민주

펴낸곳 에디트라이프
펴낸이 정성훈
주소 서울시 강서구 마곡중앙로 161-8, A동 1003호 (마곡동, 두산더랜드파크)
전화 070-4086-3351
팩스 070-7966-3385
이메일 info@editlife.co.kr

ISBN 979-11-961056-3-1 03590